海洋生命5億年史
サメ帝国の逆襲

土屋健 著
田中源吾　冨田武照
小西卓哉　田中嘉寛 監修

海洋生命5億年史●サメ帝国の逆襲　目次

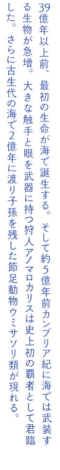

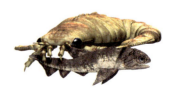

第2章 剛と軟。主導権を握るのは？「甲冑魚」vs.「初期のサメ」

約4億年前に始まったデボン紀、海の主役はいよいよ魚へ交代する。骨の板で覆われた甲冑魚は一大勢力となり、全長8mのダンクルオステウスは古生代最大最強の魚と言われる。一方、流線型のからだを持ち機動力に長けた〝初期のサメ〟も台頭、繁栄のときを迎える。

第3章 最強と最恐。海洋覇権をめぐる決戦
「サメ類の絶対王者」vs.「モササウルス類」

陸上が「恐竜時代」を迎えた中生代。海でも「爬虫類帝国」が築かれる。『四肢と尾がヒレとなったオオトカゲ』モササウルスはとりわけ大型化。高い遊泳能力で覇者の座を狙う。すでに生態系の頂点に立っていたサメ・クレトキシリナとの直接対決を示唆する痕跡とは。

第4章 新勢力は〝海の王〟となるか「クジラ」vs.「メガロドン」

小惑星衝突による大量絶滅により、海棲爬虫類は姿を消した。新生代に入り、40cmほどの陸上哺乳類が半陸半水生活を始め、クジラの歴史が動き出す。1200万年で水中に完全適応、20mのからだを手に入れたクジラ類を迎え撃つのはサメ類史上最大級のメガロドンだった。

装幀、本文デザイン　増田　寛
イラストレーション　月本佳代美　服部雅人
ＤＴＰ　明昌堂

はじめに

「生命の歴史」と聞いて、次のような〝王道の物語〟を思い浮かべませんか？

海の中の〝顕微鏡サイズの微生物〟からはじまって、魚の登場、両生類の出現で舞台は陸へと移り、大森林を歩く初期の爬虫類と単弓類（哺乳類の祖先を含むグループ）。そして、やがてくる大恐竜時代……と、ここでストップです！

両生類の登場で陸に視点が移ってしまいがちですが、海の生命史がそこで終わったわけではありません。海には〝海の物語〟が存在し、陸上世界に負けず劣らずのダイナミックな展開が繰り返されてきました。


さあ、海洋生命の進化の物語をご案内しましょう。

私たち地球の生命は、海で生まれ、海で進化し、海で命を紡いで来ました。よく言われているように、海は「母なる海」であり、そして「進化の舞台」でもあるのです。

最新の研究によれば、およそ39億5000万年前の海にはすでに生命がいたようです。地球誕生がおよそ46億年前といわれていますから、そこからの約6億5000万年の間が果たして〝無生物の期間〟だったのか、それとも、まだ私たちが知らないだけで何らかの生命がいたのかは、謎に包まれています。

いずれにしろ、それから30億年以上の時間をかけて、生命はゆっくりと進化してきました。そのほとんどの期間、生命はいわゆる「顕微鏡サイズ」でした。

今からおよそ5億7500万年前になると、ヒトの肉眼で認識できるサイズの生命が登場します。このタイミングを皮切りに、海はいっきに〝華やかな進化の舞台〟となります。

最初に登場したのは、現在の生物とはどのような縁があるのかわからない不可思議生物たち。

しかしおよそ5億4100万年前をすぎて「古生代」という時代が始まると、現生動物と縁のある動物たちが現れます。

古生代の海において、最初期に築かれた生態系は、〝小型動物たち〟の世界でした。多くの動物は、全長10センチメートル以下。ヒトの手のひらサイズのものばかりだったのです。そんな海洋世界で、1メートルという巨体をもった節足動物の「アノマロカリス」は、「生命史上最初の覇者」として君臨します。このときから、海の過酷なる生存競争が始まることになりました。

アノマロカリスとその仲間たちによる〝支配〟は長く及ばず、すぐにその座は「ウミサソリ類」というグループにとって代わられます。そして、そのウミサソリ類もさほど間をおかずに、台頭してきた魚の仲間に追われることになります。


さて、冒頭でも触れましたが、〝よく語られる生命史〟では、この「魚の仲間の台頭」をもって、物語は少しずつ陸の話に舞台を移していくことになります。

陸を舞台として繰り広げられる生命史は、古生物界随一の人気者である恐竜類をはじめ、多数の〝ヒーロー〟を擁します。彼らの栄枯盛衰はたしかに華やかで、多くの興味をかきたてるものです。

しかしこのとき、海の生命史はすっぽりと忘れられることが往々にしてあります。時折、思い出したように「クビナガリュウ類」や「クジラ類」などで海への関連が語られますが、一度、舞台を陸に移したのちは、物語のメインストリームが陸を中心に展開していくことは否定できません。

しかし！　もちろん！　海の動物たちの歴史が停滞していたわけではありません。多くの〝観客〟の関心が陸へ移ったのちも、海では海の物語が進んでいたのです。

海の物語で、主役級の活躍をみせるのは「軟骨魚類」のグループ。一般的に広い意味で「サメの仲間」と呼ばれる魚たちです。彼らはおよそ4億年前あたりから、舞台の中心に出現します。この本では、彼らに多くのスポットライトを当てていきます。

さて、脊椎動物が陸上進出を本格化させたおよそ4億年前、海では魚の仲間の内部で、〝主導権争い〟が本格化していました。軟骨魚類と板皮類の生存競争です。

先行したのは板皮類。このグループは「甲冑魚」とも呼ばれ、文字通り「鎧のような骨格」をもっていました。そして彼らを追いかけるかのように台頭したのが軟骨魚類です。当時、〝初期のサメ〟と呼ばれる軟骨魚類が存在感をみせるようになりました。

この争いを制したのは、〝初期のサメ〟です。板皮類はほどなく絶滅します。

しかし〝初期のサメ〟を擁する軟骨魚類も、その後、平坦な道を歩んできたわけではありません。およそ2億5１００万年前以降になると、陸で進化をとげた爬虫類の海洋進出が本格化。とくに、およそ1億年前には、海棲爬虫類のーグループである「モササウルス類」が登場し、生態系の階段をすさまじい勢いで登っていきます。ちなみに、「モササウルス類」は長い間、「知る人ぞ知る」という海棲爬虫類でしたが、2015年に公開された映画『ジュラシック・ワールド』で無事（？）に銀幕デビューを果たしました。

さて当時、軟骨魚類は〝迎え撃つ立場〟。モササウルス類の台頭と時を合わせるかのように、軟骨魚類の中には「新生板鰓類」と呼ばれるグループが勢力を拡大します。新生板鰓類は、狭義の「サメの仲間」とも言えるグループです。

モササウルス類の新生板鰓類は数千万年間にわたって生存競争を繰り広げます。しかし、およそ6600万年前の小惑星の衝突で陸上生態系が壊滅的なダメージを受けたとき、海洋生態系にも大きな変化が生じ、モササウルス類は姿を消しました。

これで新生板鰓類が生態系の頂点の座に安定したかといえば、そうではありません。今度は海棲哺乳類として、クジラ類の進出が始まるのです。

およそ4億年前以降、軟骨魚類を軸として、覇者の座をかけた生存競争が繰り返されてきました。その物語は、知的好奇心をくすぐる〝素材の宝庫〟といえるでしょう。

各時代の〝代表勢力〟には、その象徴的な動物が存在します。

〝初期のサメ〟の代表は、現在のサメとよく似た姿の「クラドセラケ」。

板皮類の代表は、鋭い歯状突起をもつ甲冑魚の「ダンクルオステウス」。かつて「海のオオトカゲ」と呼ばれたモササウルス類の代表は、「モササウルス」。新生板鰓類の代表は「クレトキシリナ」と「メガロドン」。クジラ類では、20メートル級の巨体をもつ「バシロサウルス」、海の伝説にその名の由来をもつ「リヴィアタン」。

彼らを中心としたさまざまな動物たちが紡ぐ物語が存在します。

この本は、そんな海の生命史について、とくに〝時代の覇者〟に注目した一冊です。

第1章は、本書の全体からみれば、「壮大な序章」にあたります。生命の誕生から魚の仲間の台頭まで。〝よく語られる生命史〟でも語られることの多いパートです。主として節足動物の繁栄に焦点を当てました。もちろん、最新情報も盛り込んでいます。この章は、金沢大学の田中源吾助教にご監修いただきました。

第2章は、魚の仲間たちの内部に起きた〝勢力争い〟がテーマ。当時、一大勢力を誇った「板皮類」とはいったい何だったのか？　そして、台頭した軟骨魚類と〝初期のサメ〟とは？　この章から〝よく語られる生命史〟を離れていきます。沖縄美ら島財団の冨田武照研究員にご監修いただいております。冨田研究員には、第3章、第4章の軟骨魚類に関してもご監修いただきました。

第3章は、いわゆる恐竜時代の海の物語です。この時代になると、魚竜類、クビナガリュウ類、モササウルス類の「三大海棲爬虫類」が出現します。本書ではこの中でとくに「モササウルス類」に焦点を当てました。アメリカ、シンシナティ大学の小西卓哉教育助教にご監修いただきました。

第4章は、恐竜絶滅後の海に注目しています。哺乳類の海洋進出の象徴である「クジラ類」に注目しています。こちらは、大阪市立自然史博物館の田中嘉寛学芸員にご監修いただきました。

迫力のイラストは、月本佳代美さんと服部雅人さんによるもの。各化石の画像掲載にあたっては、プロカメラマンの安友康博さんと、東京工業大学の佐藤友彦さん、城西大学水田記念博物館大石化石ギャラリー、群馬県立自然史博物館、佐野市葛生化石館、岡山理科大学の林昭次さん、いわき市石炭・化石館、きしわだ自然資料館、三笠市立博物館、足寄動物化石博物館、ピサ大学（イタリア）のGiovanni Bianucci さんにご協力頂きました。担当編集は文藝春秋の野田健介さんです。そのほかたくさんのみなさんのおかげをもちまして、今回の上梓となりました。著者としてお礼申し上げます。

そして、今、こうしてお手にとっていただいているあなたに最大の感謝を。本当にありがとうございます。

本書を読み終わったとき、「このコ、お気に入り！　もっと情報を！」「海の生命史もおもしれー！」「もっと、もっと海の生命を知りたいぞ！」と感じていただければ、これに勝る喜びはありません。

海の生命が織りなす盛者必衰の物語をお楽しみください。

２０１８年６月　サイエンスライター　土屋　健

地質年代

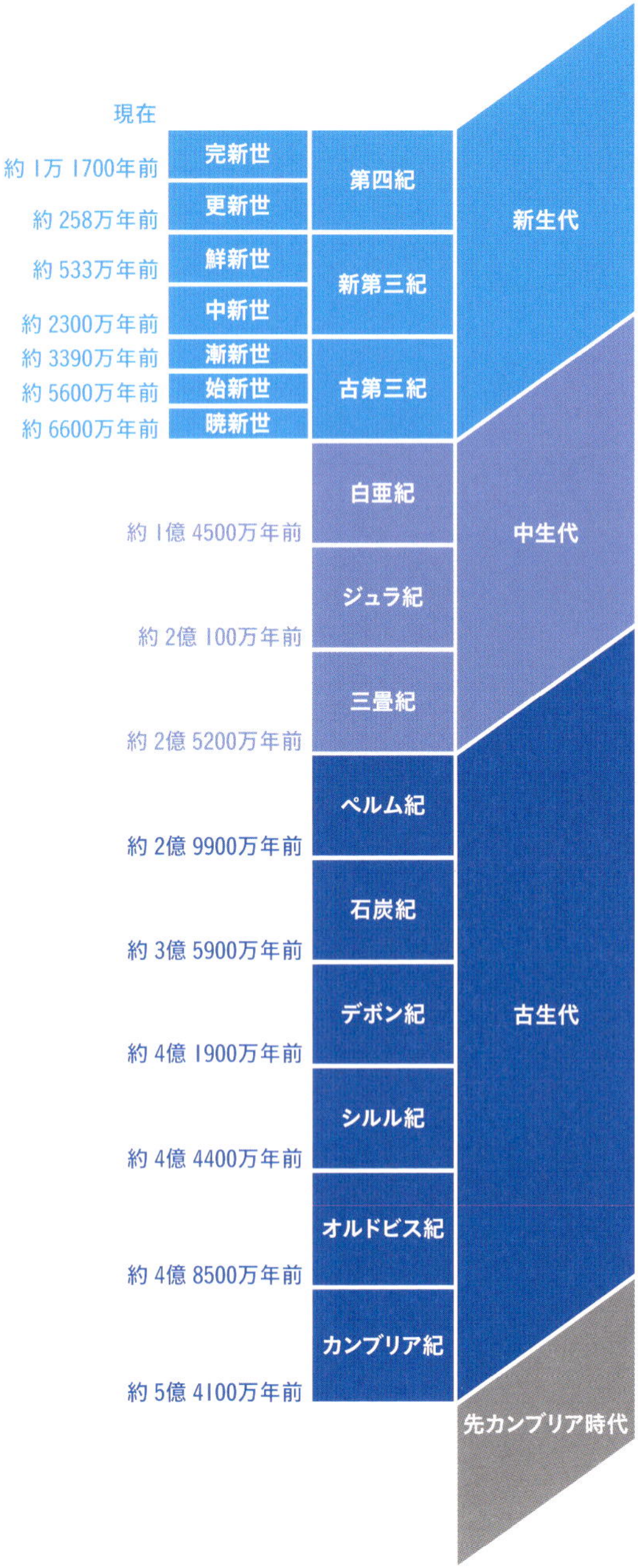

現在
完新世
約1万1700年前
更新世
約258万年前
鮮新世
約533万年前
中新世
約2300万年前
漸新世
約3390万年前
始新世
約5600万年前
暁新世
約6600万年前
第四紀
新第三紀
古第三紀
新生代
白亜紀
約1億4500万年前
ジュラ紀
約2億100万年前
三畳紀
約2億5200万年前
中生代
ペルム紀
約2億9900万年前
石炭紀
約3億5900万年前
デボン紀
約4億1900万年前
シルル紀
約4億4400万年前
オルドビス紀
約4億8500万年前
カンブリア紀
約5億4100万年前
古生代
先カンブリア時代

第1章

壮大なる〝序章〟

「アノマロカリス」から「ウミサソリ」へ

母なる海

地球は「水の惑星」だ。

太陽系で唯一「液体の水」が「海」として安定して存在する惑星だ。

地球という星が水で満ち溢れているのは、太陽からの絶妙な距離が関係している。太陽に近すぎれば水は蒸発してしまい、遠すぎれば水は凍りついてしまう。近すぎず、遠すぎず、この条件の距離を満たす惑星は、太陽系では地球と火星だけだ。

そして、半径約6400キロメートルという惑星のサイズも水の存在に一役買っている。この適度な惑星の大きさがほどよい重力を生み出し、大気の層を地表近くにとどめている。太陽からの距離が申し分ないのに火星に海が存在しないのは、その大きさが地球の半分ほどしかないからだ。海が存在できることに関して、大気の層が〝無事〟であるかどうかは、大切なのである。

いつから地球に海があったのか。

科学はまだその正確な答えを出せていない。何しろ、海そのものは化石に残らず、手がかりとなるはずの古い時代の岩石が地表にほとんど露出していないのだ。海のはじまりに関しては、間接的な証拠に頼らざるを得ない。

特定の鉱物の分析結果にもとづいて、44億年前にはすでに地球に海があったという見方がある。地球誕生は今から46億年前のこととされているから、その2億年後には海があったということになる。

これを「ずいぶん早く」とみるか、「そんなに遅く」とみるかは、また議論があるところだろう。

そんな海で最初の生命は生まれた。

最初の生命の姿は、これもまた謎に包まれている。2017年に東京大学大学院の田代貴志たちが報告した研究によると、39億5000万年前につくられた岩石から、〝生命活動の化学的痕跡〟が確認されるという。知られている限り、「最古の生命活動の記録」である。ただし、これは「生命活動がなければつくられないもの」ではあるものの、生物の遺骸たる「化石」ではない。そのため、その生命活動をなした生物がどのようなものだったのかはわかっていない。

〝最古の化石〟としてよく知られるものは今から35億年前のもので、それは顕微鏡でなければ確認できないほど小さな糸状のものだった。なお、この〝最古の化石〟ほどの知名度はないものの、2017年に38億年前の化石が報告されており、近い将来、「最古の記録」は教科書レベルでも更新されるかもしれない。

❶ランゲオモルフ

まるで植物の葉のように見えますが、動物とも植物とも不明の生物体です。さまざまな形のランゲオモルフが、世界各地でみつかっています。
イラスト：服部雅人

35億年前からずっと、一部の例外を除いて、生命は顕微鏡サイズだった。

そして今から5億7500万年前になると、肉眼でも構造が確認できる生物が突如として現れ、繁栄をはじめた。この突然の巨大化については、海洋中の酸素濃度の急上昇が関係しているのではないか、という指摘がある。

　その生物たちは「ランゲオモルフ」と呼ばれ、一見すると水草のような姿をしている。海底にはりつくための「ベース」と「茎」「葉」のような構造をもつ❶。全身がやわらかく、生物体そのものは化石に残っていない。当時の海底面に生物体が押し付けられた痕跡が確認できるだけだ。水草のような姿をしているけれども、植物なのか動物なのか、いったいどのように生きていたのかは謎だ。

　その後、ほどなくしてさまざまな生物が現れるようになった。そうした生物は、ランゲオモルフと同じく、全身が軟体性であるため、生物体そのものは化石に残っていない。しかし多様性に富み、その生息域は世界各地の海に広がっていた。

　当時の生物の代表を一つ挙げるとすれば、ディッキンソニア（*Dickinsonia*）がそれにあたるだろう。楕円形のからだをもつ生物で、直径1センチメートルという一円玉の半分ほどの大きさから、1メートルほどという大きな座布団サイズまで、変化に富む。中軸線を

❷ **ディッキンソニア**
Dickinsonia
先カンブリア時代末期を代表する生物で、複数種がいました。節構造のあるからだをもっていますが、少なくとも一部の種ではその節構造が中軸線を境に半個分ずれていました。左はロシア産出の化石です。
イラスト：服部雅人
写真：オフィス ジオパレオント

もち、その左右に節構造が並んでいることが特徴だ❷。

ディッキンソニアを一見してわかるのは、水中を泳ぐためのヒレの類をもたず、水底を歩くための脚もないということである。獲物を捕獲するための〝腕〟もなければ、そもそも口がどこにあるのかもわからない。どうやら眼もないらしい。おまけに、少なくともからだが大きな種は、左右の節構造が中軸線を境に半個分ずれているという珍奇な特徴もある。

この生物がいったい何者なのか、ということに関しては長年の議論があり、結論が出ていない。イギリス、オックスフォード大学のレネー・S・ホークズマたちは2017年に発表した研究で、その成長モデルを解析し、ディッキンソニアが左右相称動物（からだの左右のつくりが基本的に同じである、現在の地球上で最も馴染み深い動物たち。もちろんヒトも含む）に近い存在だったのではないか、と指摘している。ただし、この見方がすべての研究者に受け入れられているわけではない。

いずれにしろ地球史上、最初期に肉眼で確認できる生物は、未だに謎に満ち溢れた不思議なからだの持ち主たちだった。

〝硬質パーツ〟の時代

地球の歴史には「先カンブリア時代」という時期がある。約46億年前から約5億4100万年前まで、地球史の88パーセントを占める期間だ。この先カンブリア時代に、地球誕生、海の誕生、生命の誕生、ランゲオモルフの登場、そしてディッキンソニアのような〝珍奇な生物〟の繁栄がすべて含まれる。

「先カンブリア」という文字が示すように、この名称には「カンブリア紀の先（前）」という意味がある。そして、その「カンブリア紀」という時代が始まったのが、約5億4100万年前のことだ。カンブリア紀以降、現在までの期間は「顕生累代」と呼ばれる。こちらの文字の意味は「生命が存在したことが、化石を通じて目に見えるようになる時代」であり、化石に残りやすい硬組織をもった動物の繁栄で特徴づけられている。

ちなみに顕生累代は、古い方から「古生代」「中生代」「新生代」に分割される。誤解を恐れずにざっくりと分けてしまえば、中生代がいわゆる「恐竜時代」にあたり、古生代は恐竜時代の前、新生代は恐竜時代の後から現在にあたる。カンブリア紀は、顕生累代における最初の時代であるとともに、古生代最初の時代でもある。約5億4100万年前にはじまり、約4億8500万年前まで続いた。

カンブリア紀は「生命が存在したことが、化石を通じて目に見えるようになる時代」だけれども、実は約5億4100万年前からの最初の2600万年間は、化石の多産が「明らかな時代」とはあまりいえない。

カンブリア紀が始まる直前に、ディッキンソニアのような珍奇な動物は一掃された。代わって、カンブリア紀になってからどのような動物の化石がみつかるのかといえば、これがよくわからないのだ。

化石がみつかっていないわけではない。何しろ「生命が存在したこと、が化石を通じて目に見えるようになる時代」である。ただし、その化石の〝主〟の姿が謎なのだ。

その化石は、例えば、二枚貝のような形、巻貝のような形、シンプルな円錐形、クロワッサンのような形などをしている。でも、二枚貝ではないし、巻貝でもない。もちろん、クロワッサンでもない。では、どんな生物なのかといえば、これがわかっていない。

これらの化石の成分は、私たち脊椎動物の骨の成分と同じリン酸カルシウムのものが多い。他にもアサリやシジミの殻と同じ炭酸カルシウムでできたものなどもある。いずれも「硬組織」の成分で、大きさは数ミリメートル以下だ❸。

これらの小さな化石は、何を意味しているのだろうか？

多くの研究者の見解が一致しているのは、それが〝何らかの動物の部品〟であるということだ。ただし、その部品をもつ動物の姿についてはほとんどわかっていない。カンブリア紀初頭、動物がいたことにはいたけれど、

❸微小な硬組織パーツ

大きさ数mm以下の“何らかの生物”の化石。おそらく、動物のからだを構成するパーツとみられていますが、詳しくはわかっていません。謎の化石です。

写真：東京工業大学地球生命研究所／佐藤友彦

おそらくは軟体性で化石に残りにくく、一部の動物は（なんだかよくわからないけれど）硬組織のパーツをもっていた。そう考えられている。

この考えを一部裏付ける化石が、２０１７年に中国の西北大学のシンリャン・ヂャンと東京大学の磯崎行雄たちによって報告されている。それは、中国南部の約５億３５００万年前の地層から発見されたもので、最大で26センチメートルという成人男性の靴サイズ並の長さをもつ蠕虫状（つまり、ミミズのような姿）の動物化石だった。しかも化石は一つではなく、実に65個体もの標本が報告された。

「ヴィッタツシヴァーミス（*Vittatusivermis*）」という何とも発音しにくい名前を与えられたこの動物は、その這い跡の化石とともにみつかった。ヂャンと磯崎たちは、こうした這い跡化石の解析から、ヴィッタツシヴァーミスは当時の海底を浅く掘りながら動いていたか、あるいは低深度の穴を掘りながら移動していたとみている❹。

ヴィッタツシヴァーミスはこれまでに知られている限り、カンブリア紀最古の大型動物化石だ。分類は特定されていないものの、「？」付で、左右相称動物ではないかとされている（シンプルなつくりなので、左右相称動物にしかみえないともいえる）。

カンブリア紀初期に動物がいなかったわけではなく、軟組織

❹ **ヴィッタツシヴァーミス**
Vittatusivermis
カンブリア紀最古の大型動物。いくつかの標本がみつかっており、最も大きな個体は、約26cmに達しました。全身がやわらかく、シンプルな動物です。
イラスト：服部雅人

主体の動物がメインだった。ヴィッタツシヴァーミスの化石は、そのことを示唆しているのだ。

史上最初の覇者とカンブリアの海を彩るモノたち

先カンブリア時代からカンブリア紀初頭まで、海は「比較的平和だった」といえるかもしれない。ディッキンソニア然り、ヴィッタツシヴァーミス然り、その見た目はあまり〝恐ろしいもの〟ではない。もちろん、恐怖の感性は人によるだろうけれども、彼らには〝獲物をバキバキに噛み砕く歯や顎〟はみられないし、〝獲物を逃さないように、がっしりと捕らえるための触手〟も確認できない。〝効率的に獲物を追いつめるための脚やヒレ〟も見当たらないのだ。

ところが、約5億2000万年前以降になると、海がいっきに〝過激に〟なる。

例えば、中国の約5億2000万年前、カナダの約5億500万年前の地層から化石がみつかっている「ハルキゲニア（*Hallucigenia*）」という動物だ。

中国のハルキゲニアは、「ハルキゲニア・フォルティス（*Hallucigenia fortis*）」という。全長2〜3センチメートルというヒトの指先サイズの動物だ。チューブ状のからだをもち、その一端がぷっくりと膨らんでいる。この膨らみが頭部であり、一対の小さな眼も確認されている。からだの下には8対16本の脚が並び、それぞれの脚の先端にはキチン質の爪が2本ある。大きな特徴はからだの背側だ。太い棘が7対14本並んでいるのである❺。

カナダのハルキゲニアは、「ハルキゲニア・スパルサ（*Hallucigenia sparsa*）」という。基本的なから

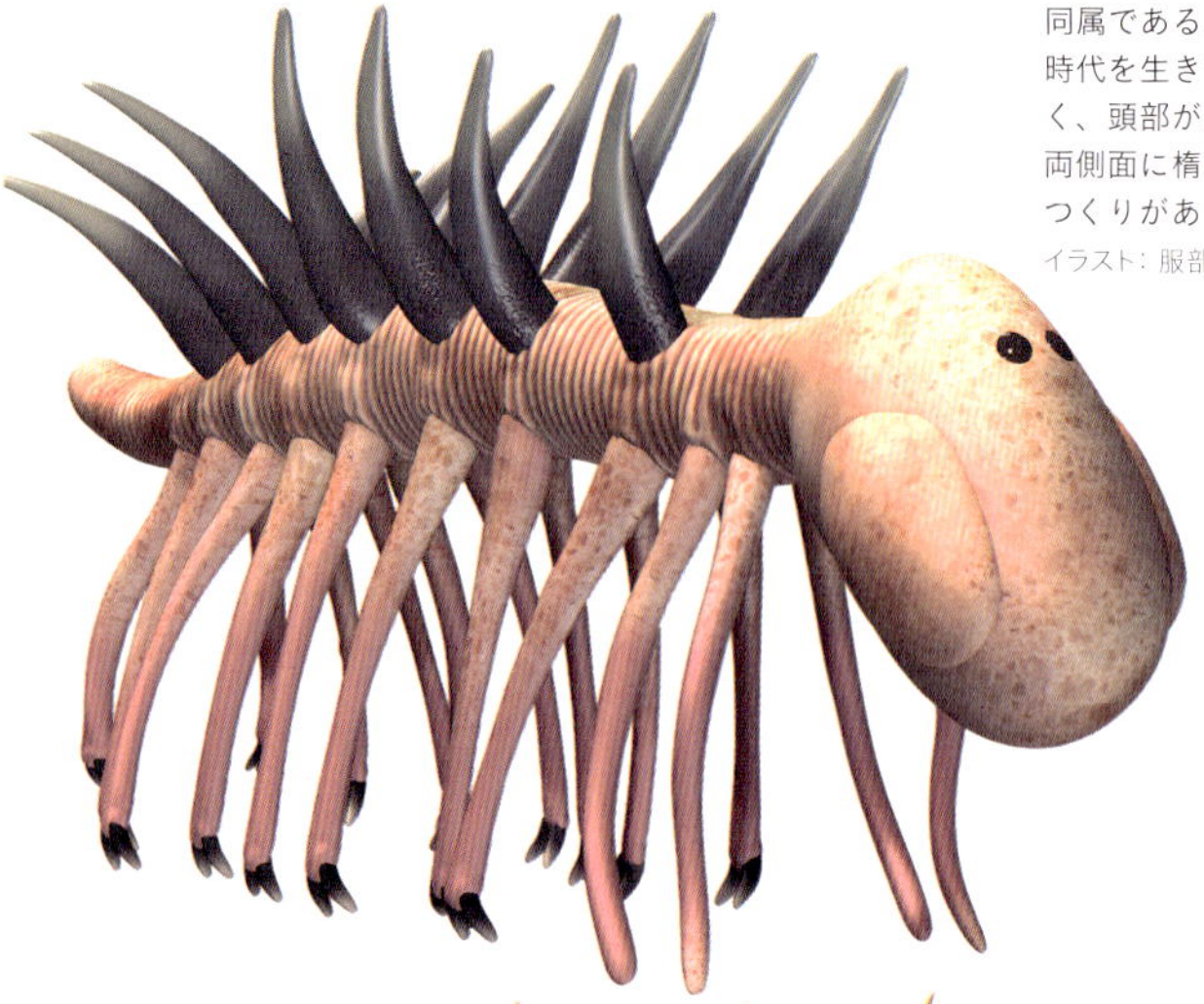

❺ ハルキゲニア・フォルティス
Hallucigenia fortis
同属であるスパルサよりも古い時代を生きていました。棘が太く、頭部が膨らんでおり、その両側面に楕円形の円盤のようなつくりがありました。
イラスト：服部雅人

❻ ハルキゲニア・スパルサ
Hallucigenia sparsa
背に細長い棘が並ぶハルキゲニアです。かつては前後不明の動物とされていましたが、近年になって眼と口が確認されました。
イラスト：服部雅人

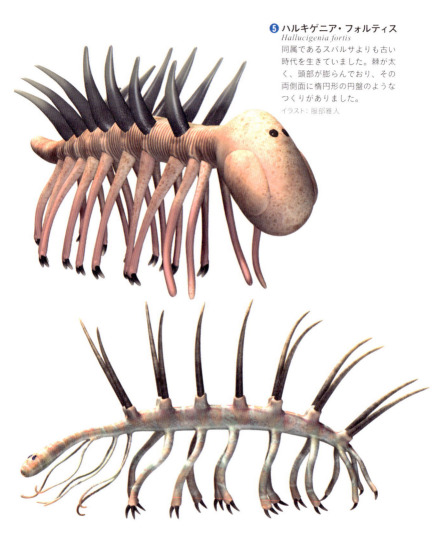

だのつくりは、フォルティスと似ているけれども、こちらの頭部は膨らんでいない。また、フォルティスには不明瞭だった口がスパルサでは確認されており、その奥に歯が放射状に並んでいることも確認されている。そして、ハルキゲニア・スパルサの背に並ぶ棘は、ハルキゲニア・フォルティスのそれよりも細くて長い❻。

棘だ！　棘なのだ！

明らかに防御のための武装だ。

こうした武装は、何もハルキゲニアだけにあったものではない。カナダから化石がみつかっている、全長10センチメートルという手のひらサイズの動物「オパビニア（*Opabinia*）」は、頭部の先端からはまるでゾウの鼻のようなノズルが1本伸び、そのノズルの先端は上下に分かれていて、その内側には鋭い突起が並んでいた。これは獲物を捕獲するための武装といえよう。さらにからだの左右にはヒレが並んでいた❼。獲物の追跡にも、天敵からの逃亡にも、ヒレがあるとないとでは、水中における機動力が異なる。

❼ **オパビニア**
Opabinia
長いノズルと五つの眼が特徴の動物です。ノズルは柔軟性に富んでいて、先端には鋭い突起が並んでいました。左は、レプリカの写真です。オパビニアの化石は希少であり、個体数があまり発見されていません。
イラスト：服部雅人
写真：オフィス ジオパレオント

そして、オパビニアの頭部には大きな眼もあった。しかも、五つ。獲物を捕捉し、天敵の来襲に備える。こうした高性能な眼もまた、約5億2000万年前以前の動物には確認されていないつくりだ。

眼に関して、全長1・5ミリメートルとペン先サイズながらも、インパクト抜群の動物化石がみつかっているので紹介しておこう。それは、スウェーデンの地層から化石がみつかっている「カンブロパキコーペ（*Cambropachycope*）」だ❽。見た目は、現生のエビに似ている……気がする。

ただし、この動物の頭部の先端は、巨大な複眼になっていた。しかも、その複眼は一つしかないのである。

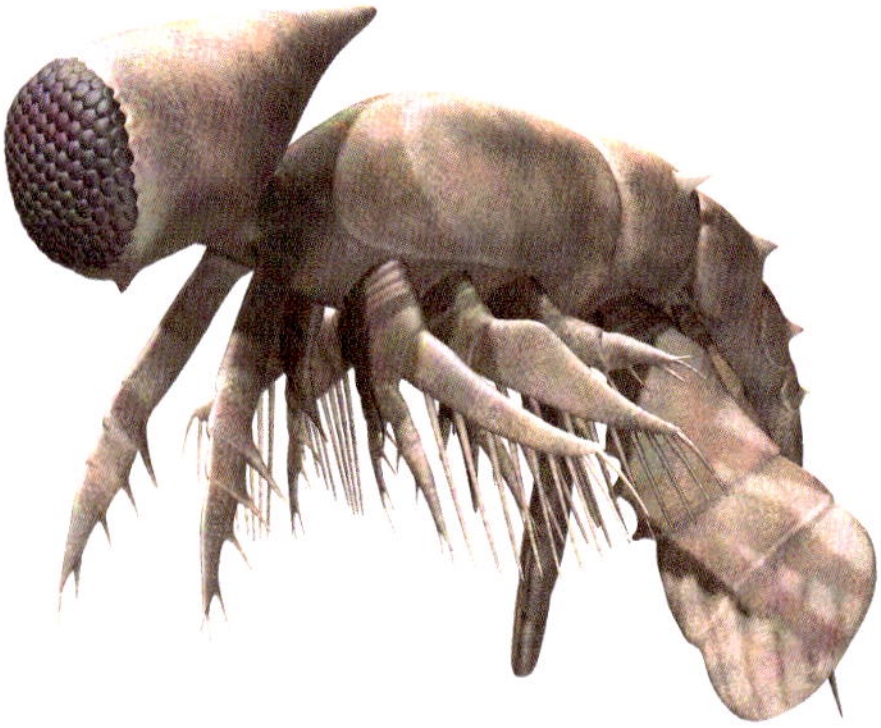

❽カンブロパキコーペ
Cambropachycope
全長約1.5mm。顕微鏡がなければ、そのつくりが確認できないほどの微小な動物です。頭部の先端に大きな目が一つだけありました。
イラスト：服部雅人

そしてこの時期、こうした動物たちの頂点に君臨していたとみられるのが、「アノマロカリス（*Anomalocaris*）」である。アメリカや中国、オーストラリアなどの地層からその化石が報告されており、近縁種を含めて「ア

ノマロカリス類」というグループを構成する。代表種の名前を「アノマロカリス・カナデンシス（*Anomalocaris canadensis*）」という❾。カナダから化石がみつかる種だ。

アノマロカリス・カナデンシスは、かなりトンデモナイ存在である。

何しろ、カンブリア紀の動物としては破格のサイズをもつ。多くの動物が10センチメートル以下という世界において、アノマロカリス・カナデンシスの全長は実に1メートルに達していた。10倍サイズの狩人なのだ。

さらに、頭部からは大きな触手

❾ **アノマロカリス**
Anomalocaris
“生命史上最初の覇者”といえる動物です。大きな触手と大きな眼が特徴でした。イラストは、全長1mのアノマロカリス・カナデンシス（*A. canadensis*）。下は、アメリカでみつかった触手部分の化石です。
イラスト：月本佳代美
写真：オフィス ジオパレオント

が2本前方に向かって伸びており、その触手にはそれぞれ三叉の鉾のような先端をもつ棘が1列になって並んでいた❾。

眼は、大きな複眼が二つ。頭部から伸びた柄の先についている。仮に、この柄を現生のエビやカニのように自由に動かすことができたとしたら、周辺探査時には左右に倒して視界を広げ、また、狩りのときは前方に倒すことで左右の視界を重ねて立体視の精度を高めることができただろう。アノマロカリス・カナデンシスそのものの複眼については未知の部分が多いけれども、オーストラリアでは近縁種のものとみられる眼の化石が発見されている。この化石によれば、複眼を構成するレンズの数は1万6000個以上となる。

複眼のレンズの数は、デジタルカメラでいうところの解像度に匹敵する。1万6000個という数は、現生の動物まで含めた上でも破格の数であり、これほど多くの複眼をもっているものは、トンボの仲間くらいしか確認されていない（ちなみに、トンボの複眼は2万個以上のレンズで構成されている）。

さまざまな特徴が、アノマロカリス・カナデンシスが優れた狩人だったことを物語っている。「硬いものを嚙めない」という〝弱点〟があったという指摘もあるものの、カンブリア紀の動物の全てが硬い殻をもっていたというわけではないし、硬い殻をもつ動物であっても、脱皮時などはやわらかかったはずだ。

かくして、アノマロカリス・カナデンシスとその仲間たちは、動物たちが本格的に武装し始めた海に君臨する〝史上最初の覇者〟だったとみられている。

転換点は「眼の誕生」

ディッキンソニアたちの〝平和な海〟から、アノマロカリスたちの〝戦いの海〟へ。

歴史が変わるきっかけは何だったのか？

それは「眼」である、という仮説がある。イギリスの動物学者、アンドリュー・パーカーが著書『眼の誕生』で披露した「光スイッチ説」だ。

光スイッチ説の骨子は、「眼をもった動物の出現が、動物たちの形態的な多様化を促した」というものである。

カンブリア紀初頭まで、動物たちには眼はなかった。少なくともこれまでに確認されているいかなる化石にも、眼は確認されていない。ディッキンソニアにも、ヴィッタツシヴァーミスにも、眼はない。一方、ハルキゲニア、オパビニア、アノマロカリスは、いずれも眼をもつ動物だ。

眼をもち、視覚を得るということは、自然界ではかなりのアドバンテージだ。

捕食者が眼をもつ動物である場合、獲物の位置をいち早く捉えることができる。手探りで獲物を探すよりも、それはかなり確実だ。

被捕食者が眼をもつ動物である場合、捕食者の接近をいち早く察知することができる。逃げ出す、身を隠すといった対応が可能となる。

イラスト：月本佳代美

そうした状況に置かれれば、あとは〝軍拡競争〟である。

被捕食者の視点にたってみよう。眼をもつ捕食者に対しては、やすやすと食べられないような硬い殻、捕食者を威嚇するための棘などをもつものが有利となる。そうした殻や棘が、実際に役立つかどうかは、実はこの際あまり関係ない。「食べるのは大変だぞ。食べると痛いぞ」という視覚アピール（有り体にいえば「ハッタリ」）こそが大切で、それこそ眼のない相手には通用しない。物騒なたとえをすれば、現代世界の「核兵器」のようなもので、その威力を知っている（見ている）からこそ、私たちはそれを恐ろしいと感じ、攻撃することをためらう。

捕食者の視点にたてば、眼をもつことで、硬い殻で覆われていないポイント、棘のないポイントなど獲物の〝弱点〟も知ることができる。

再び被捕食者の視点にたてば、殻のより厚いものや〝死角〟のないように棘のあるものが有

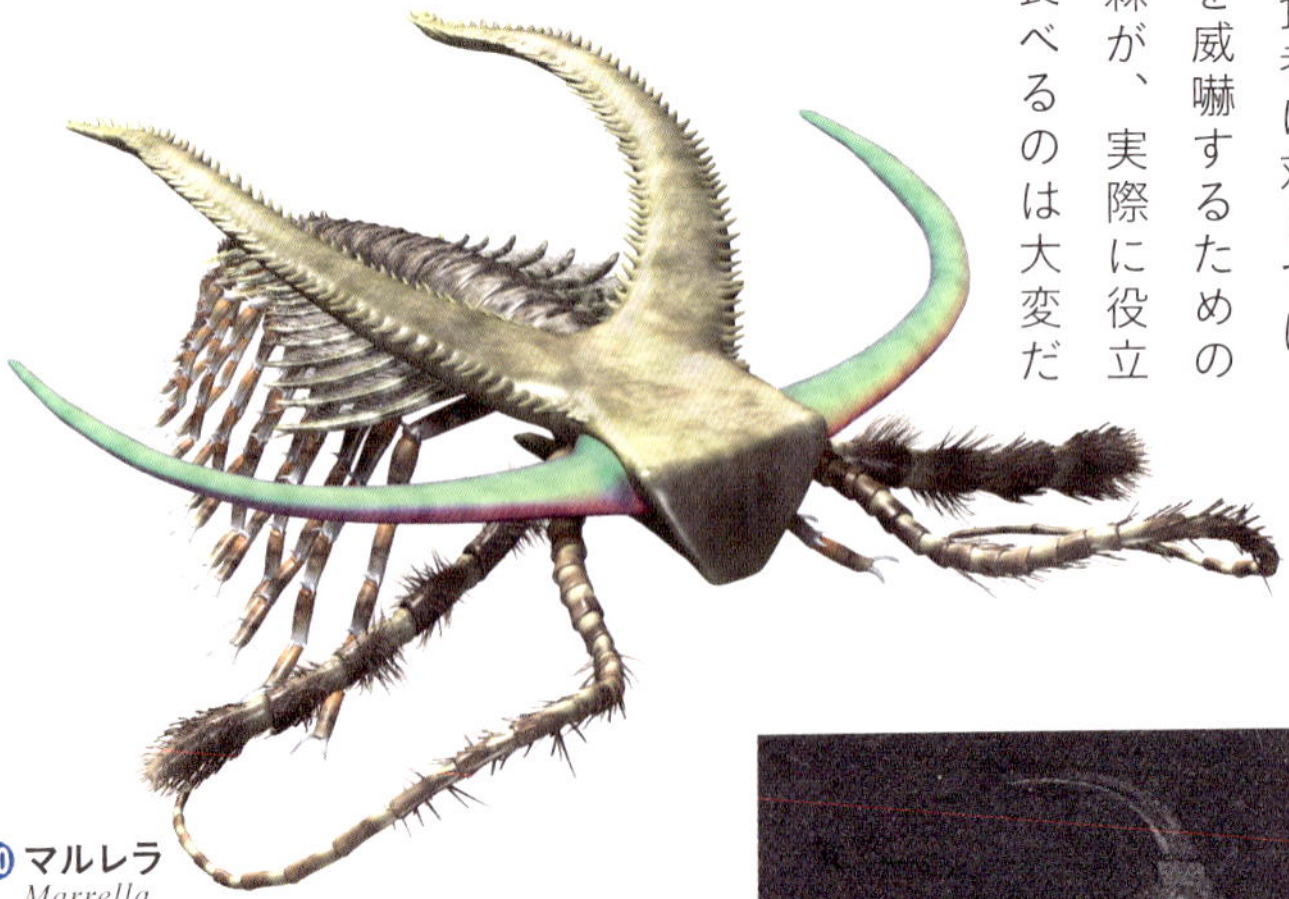

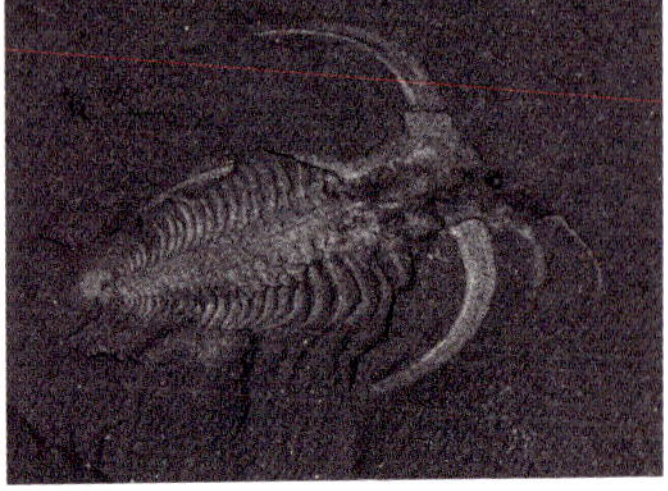

⑩マルレラ
Marrella
全長約 25mm の節足動物です。カナダにあるバージェス頁岩では、最も化石が多産する動物として知られています。ツノの部分に微細な凹があり、構造色を放ちました。右はその化石の写真です。ほぼ全身が確認できます。
イラスト：服部雅人
写真：オフィス ジオパレオント

⑪ウィワクシア
Wiwaxia
こう見えても、軟体動物の仲間（イカやタコ、アサリなどの仲間）です。全長約55mm。虹色に輝くウロコをもっていました。
イラスト：服部雅人

利となるし、はたまた捕食者はそうした殻や棘などをものともしない歯や顎をもつものが有利になる。

かくして、さまざまな特徴をもつものが増えていく。「眼をもった動物」の出現が、動物を"攻撃的に"進化させ、今日まで続く弱肉強食の連鎖を生むことになったというわけである。

なお、眼の誕生による影響の一側面をさらに物語るのが「色」だ。

古生物の色はわからないことがほとんどだ。なぜなら、色素が化石に残る例は極めてまれだからだ。

しかし、色素によらない色もある。それが「構造色」である。

構造色は、CDやDVDの裏面の色

⑫オルソロザンクルス
Orthrozanclus
全長約10mm。頭部先端に貝殻のような構造をもっていました。ウィワクシアと同じく頭足類です。表面に構造色があるという指摘もあります。
イラスト：服部雅人

だ。CDやDVDの裏面は虹色に輝く。その輝きは虹色に塗装されているのではなく、情報を記録するための極めて微小な凹凸がそこに並んでいることに由来する。この凹凸が光の特定の波長を同じ角度に反射させることで、見る方向によって、青や緑、赤といった虹色に輝くのである。

カンブリア紀の動物にも、マルレラ（*Marrella*）という節足動物のツノ⑩や、ウィワクシア（*Wiwaxia*）という軟体動物のウロコ⑪、同じく軟体動物のオルソロザンクルス（*Orthrozanclus*）のウロコ⑫などにも構造色が確認されている。

色があるということは、それが認識されていたということ。威嚇に使っていたのか、仲間内の目印なのかはわからないけれども、視覚、つまり眼に頼った世界がそこにあったことを示唆している。ディッキンソニアやヴィッタツシヴァーミスの時代の動物化石には、こうした構造色は確認されていない。

なお、光スイッチ説では、眼をもったことを〝さまざまな分類群の多様化のきっかけ〟とはしていない。あくまでも、硬組織発達の引き金が眼にあるというだけ

⑬ **エルラシア**
Elrathia
おそらく最も知名度の高い三葉虫類でしょう。平たいからだ、たくさんの節、“非武装”などが特徴です。アメリカ産。標本長35mm。
写真：オフィス ジオパレオント

で、さまざまな分類群の多様化は眼の誕生以前にはじまっていたとみる。実際のところ、カンブリア紀の化石の中で神経が残されているいくつかの標本を確認すると、当時すでに、現生生物のグループ、カニやサソリ、ゴカイに共通する、高度で多様な神経がすでに完成されていたことが明らかになっている。〝高度で多様な神経〟があるということは、それ以前に〝原始的でシンプルな神経〟が存在していたはずだ。〝原始的でシンプルな神経〟は、硬組織が未発達の時代にすでに登場し、多様化をはじめていたとみられている。つまり、約5億2000万年前以降の地層からみつかる化石の多様化は、あくまでも〝外見〟の変化によるものなのだ。

光スイッチ説を収録した『眼の誕生』の原著は2003年に刊行された（邦訳版は2006年）。刊行から15年の歳月が経過したけれども、この仮説を否定する新仮説は本書執筆時点までには出ていない。

〝進化の目撃者〟と〝我らが祖先〟

最初期に〝眼をもった動物〟の一つが、三葉虫類だ。

⑭ピアチェラ
Peachella
頭部の左右がまるでおたふくのようにぷっくりと膨らんでいる三葉虫類です。アメリカ産。標本長 30mm。
写真：オフィス ジオパレオント

現在
新生代
中生代
古生代
カンブリア紀
先カンブリア時代

約5億2000万年前、〝攻撃的な動物たち〟の化石を産出するその最古の地層から、三葉虫類の化石も多数みつかる。

三葉虫類の特徴の一つが、その殻の硬さ。三葉虫類の殻は、味噌汁の具で親しみ深いアサリやシジミなどの二枚貝類と同じ炭酸カルシウムでできている。アサリやシジミの殻でわかるように、三葉虫類の殻もとても硬い。これまでに本書で紹介してきたどの動物よりも硬質だ。この硬さもまた、捕食者からの攻撃に対して、有効な防備となったことだろう。

ただし、二枚貝類と三葉虫類は、殻の成分こそ同じではあるものの、まったく別の動物グループである。二枚貝類は、タコやイカ、そして前項で登場したウィワクシアやオルソロザンクルスなどとともに、軟体動物という大グループを構成している。一方の三葉虫類は、昆虫類や甲殻類とともに節足動物という大グループに属する一群だ。三葉虫類自体は、約2億5100万年前に絶滅し、その子孫は残っていない。なお、これまでに本書で紹介した動物では、マルレラが節足動物に分類され、オパビニア

⑮アカドパラドキシデス
Acadoparadoxides
標本長33cmの大型三葉虫です。大きくはありますが、基本的には平たく、長い頬棘以外の目立つ特徴はもっていませんでした。
写真：オフィス ジオパレオント

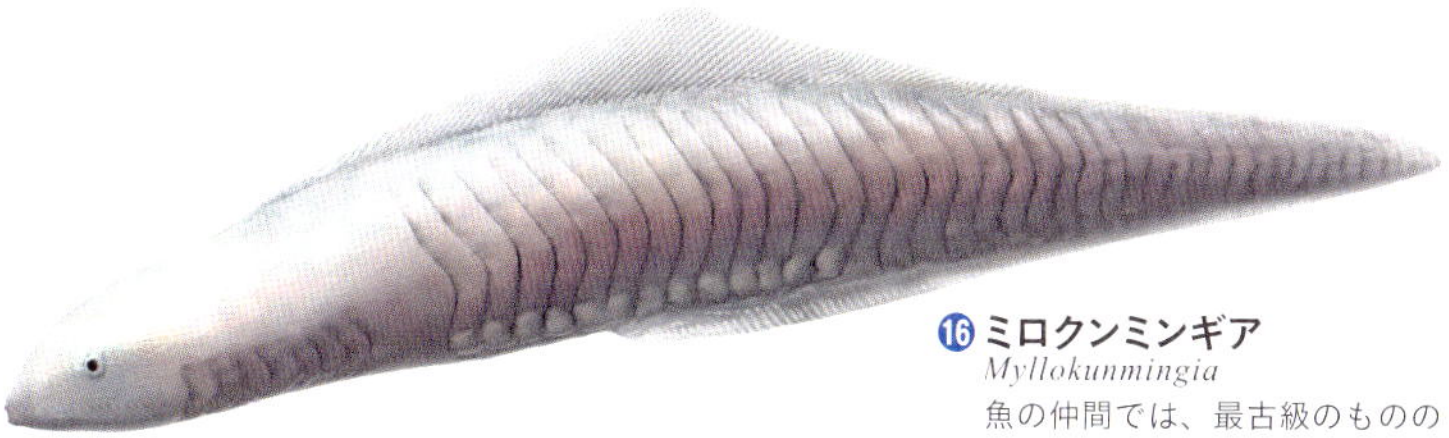

⑯ミロクンミンギア
Myllokunmingia
魚の仲間では、最古級のものの一つ。全長2〜3cm。眼やエラはもちますが、ウロコや発達した胸ビレなどはもちあわせていません。
イラスト：月本佳代美

やアノマロカリスも節足動物に分類されることが多い。34ページから36ページにかけて、いくつかの三葉虫類の画像を掲載した⑬⑭⑮。

三葉虫類は1万を超える種が報告されている。この数は、化石だけで存在が確認されるグループとしてはかなり多い。参考までに、（分類の基準が異なるので単純な比較はできないけれども）みなさんよくご存知の恐竜類が約1400種である。

三葉虫類は、約5億2000万年前に登場し、約2億5100万年前に絶滅するまで、2億7000万年間にわたって存続した。長期にわたって子孫を残し続け、他の動物たちの栄枯盛衰とともにあったことから「進化の目撃者」と呼ばれることもある。

さて、私たちヒトを含む哺乳類は、より大きな分類群として脊椎動物というグループに属している。約5億1500万年前、脊椎動物の先駆者として、魚の仲間も登場した。

中国から化石がみつかっているその魚の仲間の名前は「ミロクンミンギア（*Myllokunmingia*）」⑯と「ハイコイクチス

（*Haikouichthys*）」という。この2種類はよく似た姿をしており、大きさは全長2〜3センチメートルほどとヒトの親指サイズ。背ビレ、眼、口、エラなどが確認されている。その一方で、顎をもっておらず、硬い獲物を食べることはできなかったとみられている。防御面でも、棘どころかウロコさえないのでどうにも心もとない。

サイズといい、顎のないことといい、私たちの祖先は、当時の生態系においてかなり〝下の方〟にいたとみられている。

台頭する新型節足動物

生命史上、大転換期となったカンブリア紀は、約4億8500万年前に終焉した。そして、古生代第二の時代であるオルドビス紀が新たに始まる。

カンブリア紀の覇者だったアノマロカリス類は、その後、どうなったのだろう？

モロッコに分布する約4億8000万年前の地層からみつかった化石が、この問いに対する解の一つとなる。

⑰ **エーギロカシス**
Aegirocassis
モロッコに分布するフェゾウアタ層から化石がみつかっているアノマロカリス類です。全長約2mの大型種で、ヒレが上下2列になっていました。
イラスト：服部雅人

2015年、アメリカ、イェール大学のピーター・ヴァン・ロイたちは、地層から新たなアノマロカリス類「エーギロカシス（*Aegirocassis*）」を報告した⑰。エーギロカシスは、他のアノマロカリス類と同じように、頭部からは大きな触手が2本前方に向かって伸びていた。

カンブリア紀におけるアノマロカリス類の代表種として紹介したアノマロカリス・カナデンシスの触手は、その内側に三叉の鉾のような先端をもつ棘が並んでいた。一方、エーギロカシスの触手の内側には、櫛のような構造が並んでいる。この櫛は、細くて長い棘で構成されている。ロイたちは、この特徴に着目し、エーギロカシスは「濾過食者」だったのではないか、とみている。大型の獲物を狙うのではなく、この櫛状構造のある触手で水中のプランクトンを濾し取って食べていたのではないか、というわけだ。現在の海でいうところの、ヒゲクジラ類と同じ生態である。

エーギロカシスの特徴はそれだけではない。からだの側面に並ぶヒレは上下に2列あった。アノマロカリス類に限らず、古今東西の動物たちで「上下2列のヒレ」というのはかなり珍しい特徴だ。加えて、背中には鰓状構造が確認されている。

サイズも大きい。アノマロカリス・カナデンシスが全長1メートルであったことに対し、エーギロカシスは2メートルに達したとみられている。ヒトよりも大きいという、ずいぶんな巨体である。こうした大型種がいたことは、カンブリア紀の覇者がオルドビス紀になっても、依然として一定の繁栄を勝ち得ていたことを物語っている。

そして、オルドビス紀には新たな節足動物が"強者"として出現した。

ウミサソリ類である。

2015年、イェール大学のジェームズ・C・ラムズデルたちは、アメリカに分布する約4億6000万年前のウィネシーク頁岩層からウミサソリ類「ペンテコプテルス・デコラヘンシス(*Pentecopterus decorahensis*)」を報告している⑱。

ウミ「サソリ」という名前が示唆するように、その姿はどことなく現在のサソリ類と似ている。ペンテコプテルスの場合、台形状の頭胸部をもち、そこからは6対12本の肢が伸びる。このうちの先頭の1対は小さなハサミとなっており、頭胸部の底にある口のそばについている。第2、第3、第4の肢は頭胸部から外へと長く伸び、それぞれの肢には大小の棘が並んでいた。第5の肢には棘はなく、第6の肢は先端が幅広になっていた。この幅広の肢は、多くのウミサソリ類がもつもので、遊泳の際にオールの役割を果たしたとみられている。このようにウミサソリ類の肢は、それぞれの役割に特化していた。

⑱ **ペンテコプテルス**
Pentecopterus
アメリカから化石がみつかっているウミサソリ類です。今のところ「最古級のウミサソリ類」ですが、さらに古い種もいたとみられています。
イラスト：服部雅人

頭胸部の後ろは、やや幅広の前腹部、幅狭の後腹部と続き、その先はクレイモアのような幅広の剣に似たつくりになっている。全長は、ヒト並の約1・7メートルだ。

ペンテコプテルスは、知られている限り「最古級のウミサソリ類」だけれども、そのからだのつくりはなかなかに複雑である。そのため、もっとシンプルな姿の祖先がいた可能性が高いとみられている。化石がみつかっていないだけで、オルドビス紀初期やカンブリア紀にもウミサソリ類の祖先がいたかもしれない。

立体化する目撃者

“進化の目撃者”たる三葉虫類は、オルドビス紀に入って大きな変化をみせていた。立体的な構造をもつ種が目立って増えてきたのだ。ここでは、三葉虫化石の大産地の一つ、ロシアのサンクトペテルブルクから3種ほど紹介

⑲ **アサフス・コワレウスキー**
Asaphus kowalewskii
標本長6.5cm。ロシア産の化石です。「アサフス」の仲間は多数の種がいますが、これほどの長い柄をもつのは本種だけです。
写真：オフィス ジオパレオント

しよう。この地域には、オルドビス紀の前期から中期にかけての地層が分布し、200種を超える三葉虫化石が報告されている。

まずは、〝カタツムリ系の顔つき〟をもつ三葉虫である。「アサフス・コワレウスキー（*Asaphus kowalewskii*）」だ⑲。大きなものでは全長11センチメートルになる三葉虫類で、その〝本体〟は、厚みはあるもののシンプルなつくりとなっている。特筆すべきは眼で、頭部から上方に向かって2本の柄が伸び、そのそれぞれの上に小さな複眼がある。まるでカタツムリのような姿をしてはいるものの、カタツムリとちがって三葉虫類の殻は眼まで含めて硬質の炭酸カルシウムでできている。すなわち、柔軟に曲げることも収納することもできない。

⑳ ホプロリコイデス・フルシファー
Hoplolichoides furcifer
標本長6cm。ロシア産の化石です。頭部の先端に多数の棘があります。カンブリア紀の化石と比較して、つくりが立体的です。
写真：オフィス ジオパレオント

海底を歩く動物にとって、眼の位置が高いということは、そのまま遠くまで見渡すことができることを意味している。艦船でいうところの艦橋みたいなものだ。また、海底下に身を隠し、潜望鏡のように眼を使うこともできたとみられている。

一方で、その眼を細い柄だけで支えているということもあり、これは弱点といえる。なにしろ柔軟性がないので、ポッキリといってしまえば、視覚を失うことになるのだ。

〝イガグリ系の顔つき〟をもつ三葉虫もいた。「ホプロリコイデス・フルシファー（*Hoplolichoides furcifer*）」は、全長9センチメートルほどの三葉虫類で、頭部を中心にイガグリのような小さな突起が多数ある⑳。とくに頭部先端の突起は数ミリメートルながらも目立つ存在で、この種の独特な〝顔〟に一役買っている。

㉑ レモプレウリデス
Remopleurides
標本長2cm。ロシア産の化石です。この産地の「黒色の化石」は珍しく、鉄分が染み込んでいるのではないか、とされます。遊泳性とみられています。
写真：オフィス ジオパレオント

㉒ シンフィソプス
Symphysops
標本長3cm。モロッコ産の化石です。頭部の脇から底の端にかけて、びっしりと複眼のレンズが並んでいます。遊泳性とみられています。
写真：オフィス ジオパレオント

ホプロリコイデス・フルシファーのこの小さな突起が何の役に立つのかはよくわかっていないけれども、近縁種においては突起の内部が空洞であり、その中に神経が入っていた可能性が指摘されている。ひょっとしたら何らかの感覚器官、有り体にいえば、「レーダー」だったのかもし

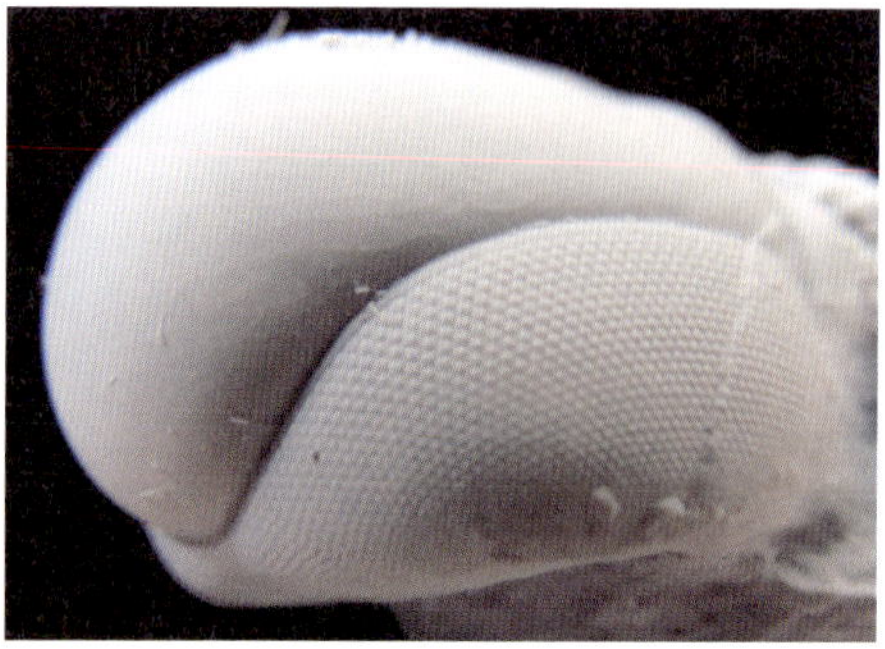

㉓ キクロピゲ
Cyclopyge
シンフィソプスによく似た三葉虫類の頭部です。シンフィソプスとちがって、頭部先端の突起はありませんが、複眼のレンズの配置はよく似ています。
写真：田中源吾

れない。

アサフス・コワレウスキーやホプロリコイデス・フルシファーとは違って、どことなくスマートな印象をもたせる三葉虫が「レモプレウリデス（*Remopleurides*）」である㉑。この三葉虫は、全長4センチメートルに満たない小型種ながら、独特の特徴をもっている。複眼が帯状になって頭部の両脇を覆っているのだ。その視界はこれまでに紹介したどの種よりも広かったことだろう。からだの形は流線型に近く、遊泳性だった可能性が指摘されている。

もっとも、遊泳性という特徴は、レモプレウリデスだけがもつというわけではない。ロシア以外の地域に注目すれば、モロッコからも、遊泳性タイプの化石がみつかっている、全長3センチメートルほどの「シンフィソプス（*Symphysops*）」は頭部の両脇と前面をびっしりと複眼で覆っていた㉒。その上下幅はレモプレウリデスよりも広い。こちらも流線型といえば流線型といえなくもない形だ。

金沢大学の田中源吾たちは、シンフィソプスとよく似た複眼をもつ「キクロピゲ（*Cyclopyge*）」の化石を分析し、2015年にその成果を発表している㉓。複眼を構成する個々のレンズのサイズと分布からキクロピゲの生態を推測する、ということがこの研究で行われた。田中たちによると、キクロピゲは優れた"遊泳性能"の持ち主で、とくに側方への視界の解像度が高いことから被捕食者であるとみられ（狩人であれば、進行方向である前面が高解像度であるはずだ）、また、岸から離れた光がよく届く水中で生きていたとされる。

かくして三葉虫類は立体的になり、三次元的な生息域を活発に泳ぎ回るグループとして、"栄華"

を得ることになった。

巨大化した頭足類、ウロコを得た祖先

圧倒的な存在感、とはこのことを言うのだろう。

オルドビス紀の海で大いに繁栄を遂げた動物の一つに、頭足類がある。このグループは、現在でいえば、タコやイカ、オウムガイなどが含まれる。現在の海でも、優れた狩人として活動し、大型種は、ときにクジラとさえ格闘をするという（もっとも、クジラに「勝てる」というわけではないようだが……）。

頭足類は、カンブリア紀にはすでに出現していたとみられている。しかし、カンブリア紀の海においては、突出した存在感はみせない。彼らが目立つのは、オルドビス紀からだ。アメリカをはじめとして、各地から化石がみつかっている「カメロケラス（*Cameroceras*）」がこの時代における頭足類の筆頭である㉔。

カメロケラスは、細長い円錐形の殻をもつことを特徴とする。この殻の内部には隔壁がいくつも並び、細かな部屋に分かれている。

カメロケラスの場合、軟体部があったのは殻口から3分の1ほどまでだった。その3分の1に主要臓器が入り、そこから頭部と腕が出ていたのである。軟体部の化石は

みつかっていないけれども、おそらくそれなりに大きな眼をもち、タコやイカに匹敵する本数の腕があり、また、姿勢を制御するために水分等を排出する漏斗があったとみられている。

残る3分の2の殻の内部は、浮力制御に使われたと考えられている。隔壁で分けられた小部屋をつなぐチューブのような構造があり、そのチューブを通じて小部屋内の液体量を調整し、浮力を制御していたというわけだ。このしくみは、同じように隔壁のある殻をもつ現生頭足類のオウムガイで確認することができる。

さて、カメロケラスが「繁栄する頭足類の代表者」として扱われる理由は、そのサイズにある。完全な化石がみつかっていないので、その推測全長値には幅があるものの、少なくとも6メートルはあったとみられている。

6メートル！

㉔カメロケラス
Cameroceras
全長6mとも11mとも言われる大型の頭足類です。運動能力については不明な点が多く、浮遊さえも難しいという指摘もあります。
イラスト：月本佳代美

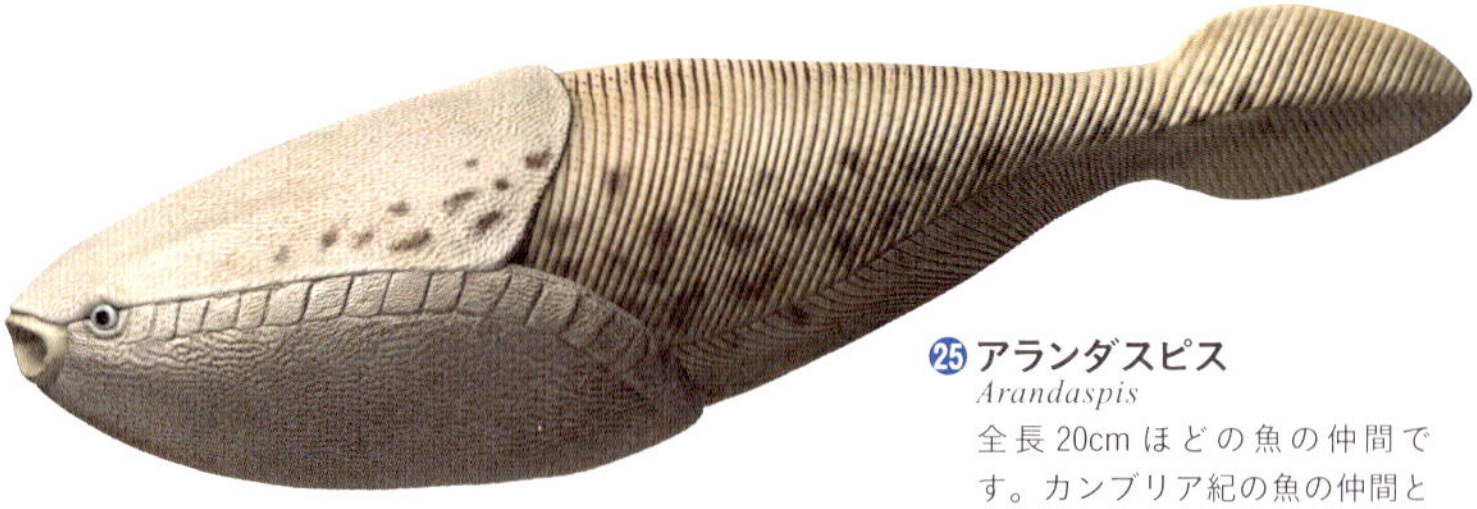

㉕アランダスピス
Arandaspis
全長20cmほどの魚の仲間です。カンブリア紀の魚の仲間と比べると、ウロコがあり、"防御能力"は向上しています。一方、顎はまだありませんでした。
イラスト：月本佳代美

現生のクロマグロ2本分だ。現代日本における一般道の信号機の高さがほぼ同じである。

さらに、11メートルという指摘もある。

11メートル……ここまで来ると、比較対象もそう見当たらない。

控えめの数字を採用したとしても、この時代では突出した大きさだ。彼らにとっては、エーギロカシスやペンテコプテルスのサイズでさえ、一捻りの対象だったことだろう。況んや三葉虫類をや、である。

もっとも、カメロケラスの運動能力に関してはよくわかっていない。海中を自由自在に動き回る狩人だったという見方はほとんどなく、海底に鎮座していた可能性も指摘されている。過去の研究では、殻における軟体部の占める割合が4分の1を超えると、浮くのは難しいという指摘もあった。殻の3分の1を軟体部が占めるカメロケラスは、沈底しながら獲物の接近をおとなしく待ち、射程内に来たらいっきに仕留める。そんな、待ち伏せ型の狩人だったのかもしれない。

ペンテコプテルスのようなウミサソリ類や、カメロケラスのような頭足類が生態系の上位に確固たる地位を築いていくなか、私たちの祖先ともいえる魚の仲間は、果たしてどのような状況にあったのだろう？　カンブリア紀に生態系の下位からスタートしたその地位は、少しは向上したのだろうか？

結論から先に書くと、オルドビス紀においても、魚の仲間は依然として〝弱者〟だった。しかし、まったく進化がみられなかったというわけではない。この時代、祖先たちは「ウロコ」を獲得したのだ。

魚の仲間におけるウロコは、第一に防御用だ。一定の硬さをもつウロコは、身を守る際に役にたつ。

ウロコをもつ魚として最古級とされる魚の仲間の一つが、オーストラリアから化石がみつかっている「アランダスピス（*Arandaspis*）」だ㉕。全長20センチメートルほど。あなたが左右の拳を握り、横に並べてみたほどのサイズである。この魚の仲間は、ウロコで身を守っていた。

一方で、アランダスピスには、尾ビレ以外のヒレがない。胸ビレや背ビレ、尻ビレといった構造がないのだ。これでは速く動くことも、自由自在に飛び回るかのように泳ぐこともできない。

顎ももっていなかった。そのため、ウロコで身を固めた同種はもとより、他の動物も、少し硬ければ、捕食することはできなかったとみられている。海底に降り積もった有機物を吸い込むことで、かろうじてその命脈を保っていたのかもしれない。

ウミサソリ類の全盛期

オルドビス紀に登場したウミサソリ類は、約4億4400万年前にはじまった古生代第3の時代、シルル紀になるといよいよ本格的な繁栄を始める。そしてその後、約2億年間にわたって子孫を残し続けた。ウミサソリ類の長い歴史の中で、シルル紀の後半と、次の時代であるデボン紀の前半の数千万年間が、彼らの〝全盛期〟だった。この期間に多様性が最も高まり、生息域も世界各地のさまざまな水圏へと広がった。

多種多様なウミサソリ類がいた中で、本書ではとくに次の4種類について紹介することにしたい。〝小型狩人〟の「ユーリプテルス（*Eurypterus*）」と〝遊泳型狩人〟の「プテリゴトゥス（*Pterygotus*）」、〝優しい巨人〟「アクチラムス（*Acutiramus*）」、そして〝しなやかな尾〟「スリモニア（*Slimonia*）」だ。いずれも化石はアメリカ産である。

ユーリプテルスは、10〜20センチメートル前後の小型のウミサソリ類だ㉖。オルドビス紀のペンテコプテルスと比較するとからだは小さく、そしてどことなくスマート。頭胸部は四角形で、目は小さな三日月状。大きなハサミなどはもっていない。最も後ろの脚の先端がパドル状になっている点はペンテコプテルスと同じ。後腹部の先端は西洋の剣のようで、これはそのまま「尾剣」と呼ばれる。ペンテコプテルスのそれがクレイモアであるとしたら、ユーリプテルスの尾剣はサーベルだ。ただし、このサーベルはその縁がノコギリのようになっている。

プテリゴトゥスは60センチメートルほどのウミサソリ類㉗である。大きなものは、1・6メートルに達したとされる。頭部の背側面積の4分の1を占めるかという大きな眼がトレードマークだ。ペンテコプテルスやユーリプテルスでは頭胸部の底に隠れていたハサミが、プテリゴトゥスでは大型化

㉖ユーリプテルス
Eurypterus

小型のウミサソリ類です。パドル状の付属肢はもちますが、大きなハサミなどの発達した付属肢をもっていませんでした。機動力に長けていたとみられています。左はアメリカ、ニューヨーク州産の化石です。

イラスト：服部雅人
写真：オフィス ジオパレオント

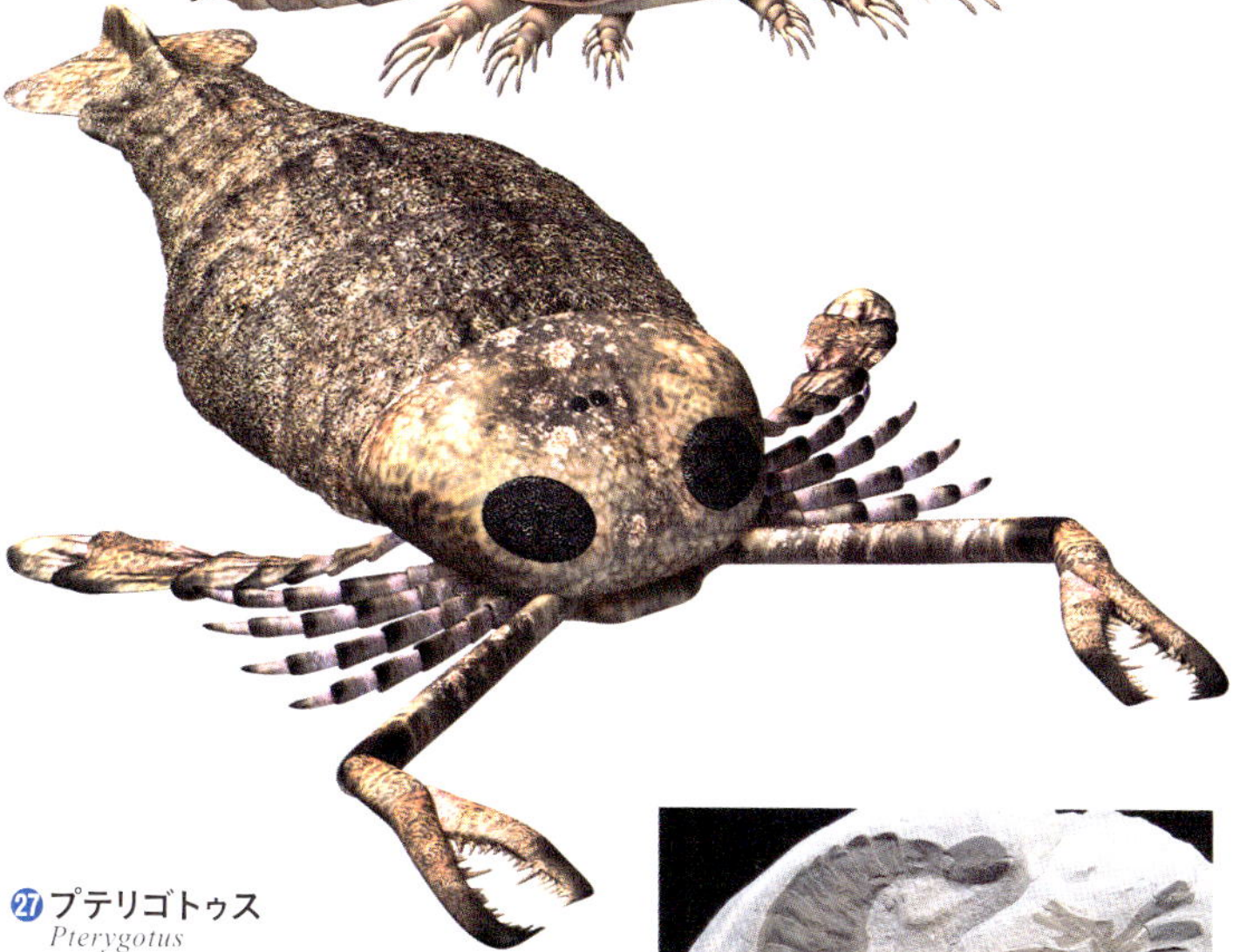

㉗プテリゴトゥス
Pterygotus

中型～大型のウミサソリ類です。パドル状の付属肢と、大きなハサミのついた付属肢をもっていました。尾部の先端が特徴的で、まるで飛行機の水平尾翼のような形状をしています。右はアメリカ、ニューヨーク州産の化石です。

イラスト：服部雅人
写真：オフィス ジオパレオント

し、頭胸部から前に向かって長く伸びていることも特徴とする。尾剣はもたず、かわりに後腹部の先端はうちわのようにひろがっている。そのうちわの中軸部には上向き板のようなつくりがある。これは水中で姿勢を安定させる、いわば水平尾翼のような役割を果たしていたとみられている。

そして、アクチラムスはプテリゴトゥスとよく似たウミサソリ類で、資料によってはプテリゴトゥスの亜属に位置付けられている㉘。よく似ているけれどもサイズが決定的に異なり、アクチラムスの全長は2メートルに達する。ペンテコプテルスを超える大型種である。

㉘ **アクチラムス**
Acutiramus
大型のウミサソリ類です。プテリゴトゥスとよく似た姿をしていることから、プテリゴトゥスの亜属とする場合もあります。
イラスト：月本佳代美

㉙ **スリモニア**
Slimonia
中型のウミサソリ類です。後体部を柔軟に曲げることができたとみられています。その先端を武器として使っていたとも考えられています。
イラスト：服部雅人

スリモニアは全長90センチメートルほどのウミサソリ類で、ユーリプテルスとプテリゴトゥスを足して2で割ったような姿をしている㉙。ユーリプテルスと同じように大きなハサミ状の脚をもたず、全体的にスマートな姿をしているけれども、プテリゴトゥスのように後腹部の先端はうちわのようになっている。ただし、この"うちわ"は、縁がまるでノコギリのようで、さらに先端はまっすぐに針のように伸びている。

近年の研究によって、ここに挙げた４種類のウミサソリ類のそれぞれについて、生態が見え始めてきている。

アメリカ、イェール大学のロス・Ｐ・アンダーソンたちは、ユーリプテルスとアクチラムスの複眼に注目した研究を２０１４年に発表している。この研究によると、ユーリプテルスの複眼は、それぞれ平均約４８００個の小さなレンズで構成されていることに対して、アクチラムスの複眼は大きなレンズが平均１４００個で構成されていた。複眼の数は、デジタルカメラの解像度に相当するもので、数が

多ければ多いほど、高速移動する獲物の動きを捉えやすい。この結果を受けて、アンダーソンたちは、ユーリプテルスがアクチラムスと比較して機動力に長けていたと指摘している。高速移動をする獲物を眼で捉えるだけでは宝の持ち腐れであるため、その能力を生かす機動力もあったとみるのが自然だからである。

一方、そうした眼をもたないアクチラムスに関しては、光がうっすらと届くような環境に生息するか、あるいは夜行性で、その身を隠しながらひっそりとした狩りをしていたのかもしれないという。

2015年には、同じイェール大学のヴィクトリア・E・マッコイたちが、複眼に着目した研究をさらに展開させて発表した（この研究チームには、先のアンダーソンも含まれる）。この研究では、プテリゴトゥスとアクチラムスのちがいにも注目され、両者の姿は似ているけれども、プテリゴトゥスはユーリプテルスに近い機動力の持ち主だったことが指摘されている。スリモニアに関しても同様で、一定以上の機動力があったらしい。

そのスリモニアに関しては、2017年にカナダのアルバータ大学に所属するW・スコット・パーソンスとジョン・アコーンによって新解釈が提案されている。彼らは、スリモニアの化石標本を詳細に観察し、後腹部が左右方向にかなり柔軟に曲がったことを指摘した。後腹部先端にある〝針付きうちわ（ノコギリ縁）〟は、武器としてもかなり有効で、攻守に使えたようである。

ウミサソリ類は、多様な生態を獲得しながら、大型種を多数輩出し、生態系の上位に君臨した。ウミサソリ類全体の50パーセントが、全長80センチメートルを超えていたという指摘もあり、その存在感は圧倒的だった。なにしろ、当時の海にはメートル級の動物は数えるほどしかいなかったのだ。

そして祖先は"武器"を手に入れた

祖先の話をしよう。

カンブリア紀に登場した魚の仲間は、1億年近くの間、生態系の"弱者"だった。しかしシルル紀も終わりが近づいたころ、ついに"攻勢"に転じる機会を得る。

顎を獲得した魚たちが現れたのだ。

当時の"有顎魚類"を代表する存在が、「クリマティウス（*Climatius*）」30と「アンドレオレピス（*Andreolepis*）」31だ。クリマティウスは、棘魚類という絶滅したグループの初期の構成員である。棘魚類はヒレの中に文字通り「棘」をもつ魚たちで、クリマティウスの場合は、棘そのもののヒレももっていた。一方のアンドレオレピスは、条鰭類と呼ばれるグループに属している。条鰭類は現在の海洋世界における圧倒的主流派で、アンドレオレピスはその先駆的な存在として位置付けられている。

クリマティウスやアンドレオレピスは全長20センチメートルあるかどうかというサイズで、大型化の道を猛進していたウミサソリ類と比べると、まだ強者とは言い難い。しかし、顎をもったことで、同種を含む"硬組織をもつ獲物"を狩ることが可能となった。そして、急速に数を増やしていく。

その後、ついに魚の仲間も大型化の傾向を見せるようになる。その象徴ともいえるのは、「メガマスタックス（*Megamastax*）」だ32。肉鰭類という、シーラカンスと同じグループに分類されている。

メガマスタックスは、先端が丸まった円錐形の歯をいくつももち、硬い獲物もしっかりと噛み砕くことができたとみられている。みつかっている化石は、その歯をもつ12センチメートルほどの下顎だけだ。しかし、この部分化石から推測される全長は、1メートルに達する。

ついにメートル級の登場である。

かくして魚の仲間は繁栄への足がかりを入手し、次の時代であるデボン紀には空前の繁栄を見せることになる。

次の章では、いよいよ物語の主役を魚たちに移し、その栄枯盛衰を追っていくとしよう。

……と、次章に行く前に繁栄を誇った無脊椎動物の〝後日譚〟にも触れて

30 クリマティウス
Climatius
最初期の「顎をもった魚」の一つです。絶滅した棘魚類というグループに属していて、その中では原始的な存在でした。
イラスト：服部雅人

31 アンドレオレピス
Andreolepis
同じく最初期の「顎をもった魚」の一つです。現在の地球で大繁栄する条鰭類というグループの先駆的な存在です。
イラスト：服部雅人

32 メガマスタックス
Megamastax
しっかりとした顎とがっしりとした歯をもっていました。知られている限り、最も古い“メートル級の魚”の一つでもあります。
イラスト：服部雅人

㉝ シンダーハンネス
Schinderhannnes
知られている限り、“最後のアノマロカリス類”です。オルドビス紀以前の種と比べると小型です。もはや“覇者の風格”はありませんね……。
イラスト：服部雅人

おこう。

〝史上最初の覇者〟となったアノマロカリス類に関しては、オルドビス紀にいた全長2メートルのエーギロカシスを最後に大型種はみられなくなる。シルル紀においてはアノマロカリス類の化石は現時点では未発見だ。そして、その次のデボン紀に確認される〝最後のアノマロカリス類〟は、全長10センチメートルほどしかない㉝。

頭足類はその後、一定の繁栄を勝ち得るものの、カメロケラスのような超大型種は二度と現れなかった。

ウミサソリ類はまだまだ多様化を続けていたものの、主役の座は

㉞ ワリセロプス
Walliserops
標本長 8cm。モロッコ産の化石です。愛好家の間では、「ロングフォーク」の愛称で親しまれています。
写真：オフィス ジオパレオント

完全に魚たちに奪われており、表舞台から姿を消していく。

〝進化の目撃者〟たる三葉虫類は、まるで顎をもつ魚たちに抵抗するかのように、デボン紀には派手な棘をもつものが増える㉞㉟。しかし、それは徒花にすぎなかったようで、その後はわずかなグループだけが細々と命脈をつないでいくことになる。

㉟ コネプルシア
Koneprusia
標本長 3cm。モロッコ産の化石です。まさしく「全身棘だらけ」で、防御を固めていました。こうした種はデボン紀で姿を消しました。
写真：オフィス ジオパレオント

第2章

剛と軟。主導権を握るのは?

「甲冑魚」vs.「初期のサメ」

甲冑の大流行

約4億1900万年前に始まった「デボン紀」という時代から、海洋生態系の〝主役〟の座は、魚たちのものとなった。

当時、とくに目立った魚の仲間は、「甲冑魚」と呼ばれるものたちである。

「甲冑魚」とは特定の分類群を指す用語ではなく、主として頭胸部が骨の板で覆われた魚を指す。その意味でいえば、オルドビス紀に登場した〝最初にウロコをもった魚〟であるアランダスピスも頭胸部が骨の板で覆われており、甲冑魚の先駆的な存在といえる。

〝甲冑〟はその後もとくに顎をもたない魚たちの多くの分類群で〝流行〟した。デボン紀がはじまっても最初の数千万年間は、顎をもたない甲冑魚が世界の海のあちこちで数多く確認されている。

約3億9300万年前のデボン紀中期になると、顎のない甲冑魚は衰退を始め、かわりに顎をもつある甲冑魚のグループが世界の海で幅を利かせるようになった。

そのグループの名を「板皮類」という。

「板」と「皮」というおよそ強そうに思えないネーミングだけれども、デボン紀中期以降の海で、このグループは大いに繁栄するようになる。

板皮類の中で一大勢力を築いたのは「ボスリオレピス（*Bothriolepis*）」の仲間だ36。「ボスリオレピス・カナデンシス（*Bothriolepis canadensis*）」「ボスリオレピス・ザドニカ（*Bothriolepis zadonica*）」「ボスリ

㊱ ボスリオレピス・カナデンシス
Bothriolepis canadensis

100を超えるとされるボスリオレピス属の代表種です。写真は、大石コレクション／城西大学化石ギャラリー展示標本。この化石にみられるように、ほとんどの標本において頭甲、胴甲、胸ビレしか化石に残っていません。

イラスト：服部雅人
写真：安友康博／オフィス ジオパレオント

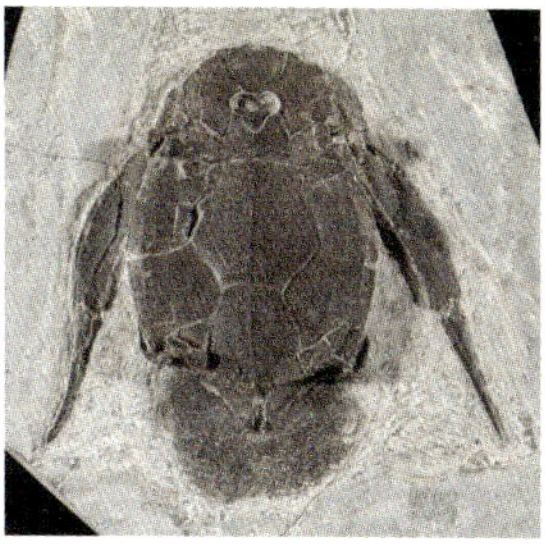

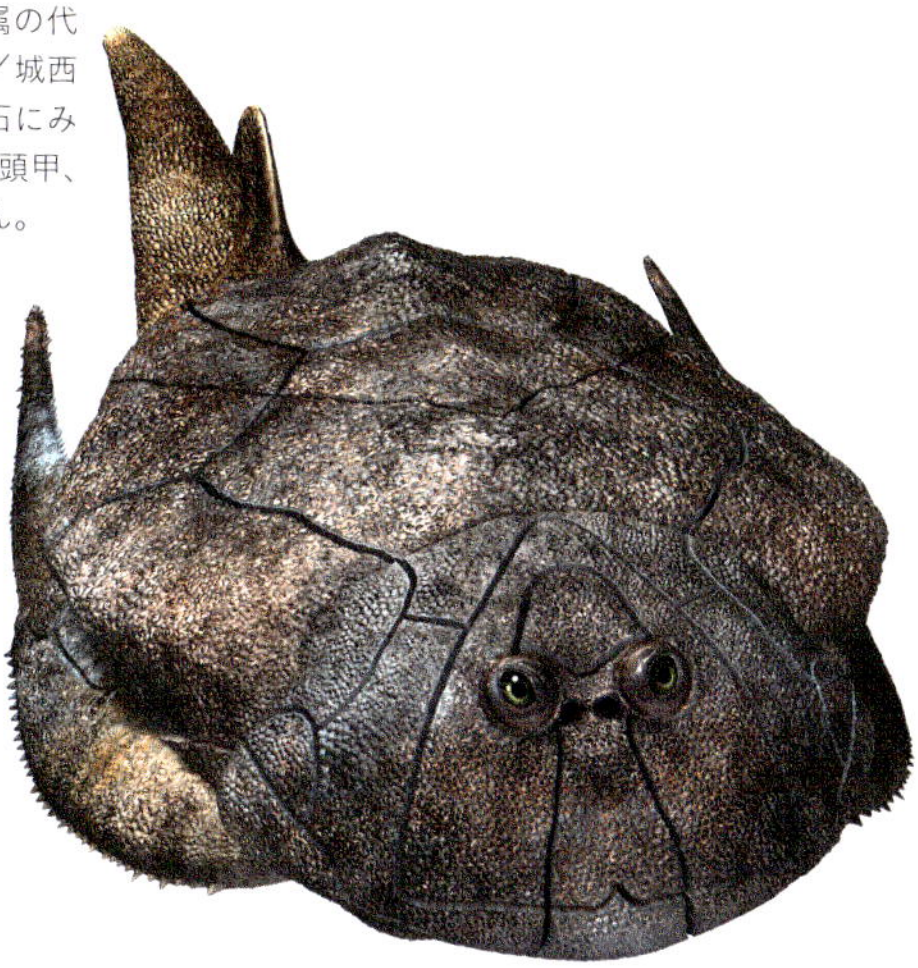

オレピス・マキシマ（*Bothriolepis maxima*）」など、「ボスリオレピス」の属名をもつ種は１００を超えるとされ、その化石は南極大陸を含むすべての大陸から発見されている。最大種である「ボスリオレピス・レックス（*Bothriolepis rex*）」の推定全長は１メートルに達したと言われている。１メートルといえば、現代のサケ（*Oncorhynchus keta*）とほぼ同じ大きさだ。

　ボスリオレピスの仲間は、角ばった頭甲と胴甲をもち、頭甲では、二つの眼が高い位置に寄って配置されている。そのため、随分と「寄り眼」の印象を受ける。最大の特徴は、カニの脚のような形状の胸ビレだ。この胸ビレも骨の板で覆われていたのである。そして、この胸ビレが何に役立ったのかについては、よくわかっていない。

　ある研究者は、この胸ビレを使って（一時的に）陸上を歩くこともできた、という。一方で別の研究者は、この胸ビレはそこまで自由に動くものではなく、とくに上下方向の動きは制約が大きいと指摘している。歩行などはもってのほかで、そもそも「胸ビレ」としても、推進力を得るなどには役に立たなかったという。

精子を直接送り込む

板皮類は、何かと話題の多いグループだ。例えば、その繁殖様式である。

いわゆる「教科書的な知識」でいえば、魚の仲間は「卵生」とご記憶の方も多いだろう。雌が卵を産み、その上に雄が精子をかけるという体外受精の方式を採用し、その卵から子が生まれる。

しかし、何にでも例外はあるもので、例えばサメ類やエイ類が属する軟骨魚類というグループの魚たちは、雄がクラスパーと呼ばれる器官を雌の総排出腔に挿入して精子を送り込むという体内受精の方式を採用している。そして多くの種では、卵ではなく、子を直接産むのだ。すなわち、私たちと同じ「胎生」という繁殖様式である（厳密には、軟骨魚類のそれは「卵胎生」と呼ばれ、哺乳類の「胎生」とまったく同じというわけではない）。軟骨魚類のもつクラスパーは、哺乳類でいうところの雄の陰茎にあたるわけだ。

そして、板皮類も胎生だった。

そんな研究が、2014年にオーストラリア、フリンダース大学のジョン・A・ロングたちによって発表されている。

ロングたちが研究対象としたのは、スコットランドなどから化石がみつかっている「ミクロブラキウス（*Microbrachius*）」だ37。ボスリオレピスとよく似た姿をもつ、頭胸部の長さが3センチメートルほどと指先サイズの小さな板皮類である。

ミクロブラキウスの化石には2タイプあり、そのうちの一つは胸部後端の底に、左右に向かって伸びる突起が1本ずつある。ロングたちによると、この突起がクラスパーにあたるという。突起をもつタイプが雄で、突起をもたないタイプが雌というわけだ。

ロングたちは、ミクロブラキウスの雄は、まるで腰をふるかのように動きながら、そのクラスパーを雌の交尾器に挿入し、精子を送り込んでいたのではないか、と指摘している。そして板皮類全体が、同じような体内受精の方式をとっていた可能性にも言及した。

実際、板皮類全体が体内受精と胎生の繁殖様式を採用していた可能性は高い。その証拠となる化石が、実はミクロブラキウスに約6年先行して報告されている。

37 ミクロブラキウス
Microbrachius
ボスリオレピスとよく似た近縁種ですが、ボスリオレピスよりもずっと小型です。クラスパーをもつ雄が確認されています。
イラスト：服部雅人

2008年にオーストラリアの地層から発見された全長25センチメートルほどの板皮類、「マテルピスキス（*Materpiscis*）」の化石には、その体内に胚が確認されている。さらに、胚と母体をつなぐ「へその緒」とみられるチューブ状構造もあった㊳。これはまさしく胎生の動物の特徴といえる。卵生であれば、母体の胎内で育てるわけではないので、「へその緒」は必要ない。

マテルピスキスは、ボスリオレピスやミクロブラキウスと同じ板皮類ではあっても、その姿は似ても似つかず、とても近縁とはいえない。そんな種類であっても、胎生であることが示されているのである。ロングたちが指摘するように、板皮類全体が胎生であったとしても不思議ではない。

同種も襲う最強の甲冑魚

デボン紀後期になると、板皮類の繁栄を象徴するような大型種が登場する。

㊳ **マテルピスキス**
Materpiscis
へその緒と胎児が確認されている板皮類です。出産直後は、このイラストのように母子でつながっていたかもしれませんね。
イラスト：服部雅人

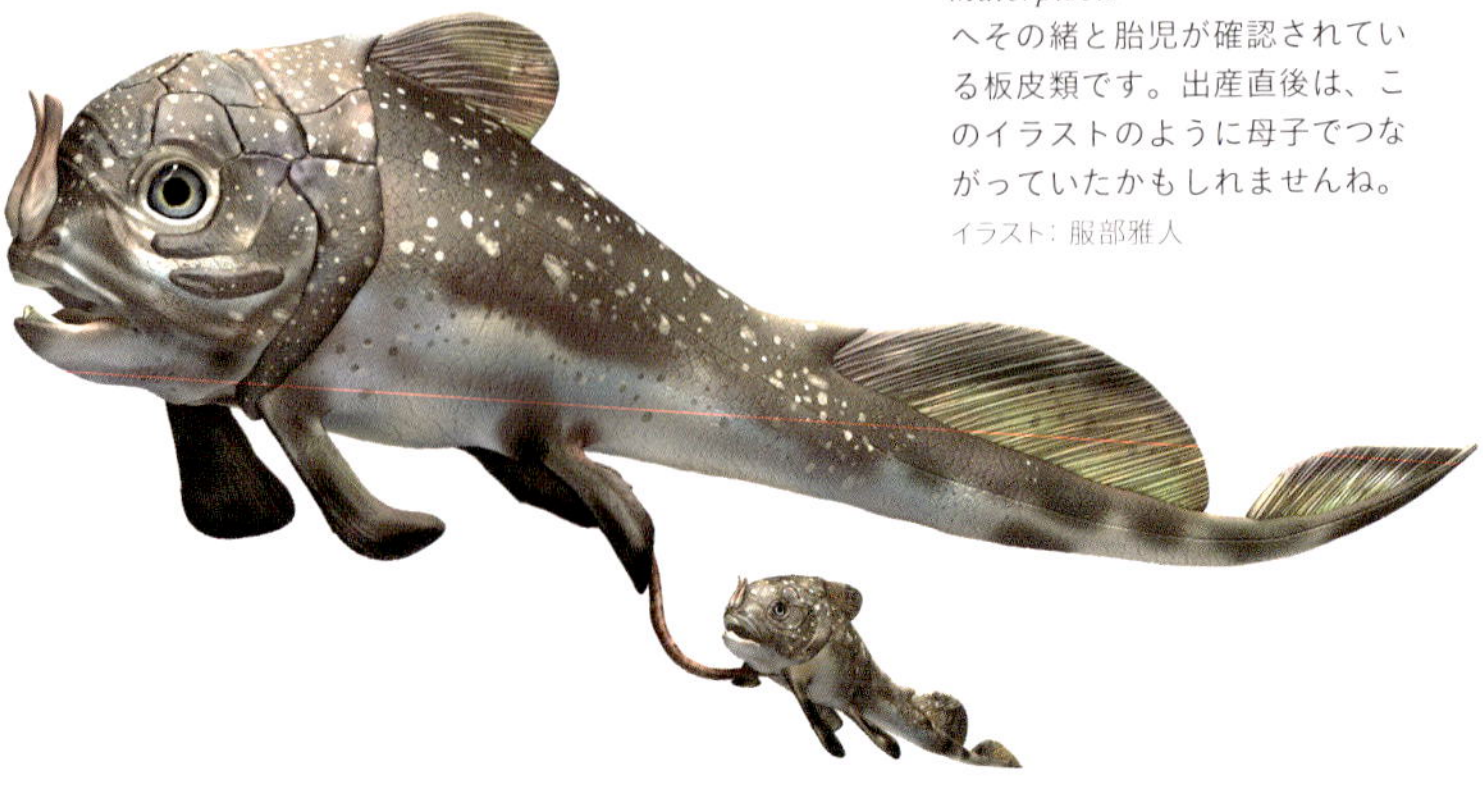

「ダンクルオステウス（*Dunkleosteus*）」だ39。

日本語で表記するときは、「ダンクレオステウス」とされることもあるし、またかつては「ディニクチス」と呼ばれていたこともあるので、「そちらの方が聞き覚えがある」という読者の方もいるだろう。

ダンクルオステウスこそ、「甲冑魚」の名前にふさわしい。幅のある頭。大きな顎。歯のように鋭い突起（ただし歯とはつくりが違う）。その一つ一つの造形が、まさに兜のようだ。大きさは、頭部だけで1メートルを超える。もっとも、化石で発見されているのは頭胸部だけなので全身像は不明であり、頭胸部から推測される全長は8メートルとも10メートルとも言われている。現生のホホジロザメ（*Carcharodon carcharias*）は大きなものでも全長7メートルに届かないとされるから、ダンクルオステウスはホホジロザメサイズを上回るわけだ。これまでに本書で紹介した動物では、カメロケラスがほぼ同じサイズではあるけれども、あちらはシンプルな円錐形なので、その迫力は比較になるまい。

もちろん、ダンクルオステウスのこの姿は、けっしてハッタリではなかった。

コンピューターを使った「噛む力」の分析によると、口の先端で4400N以上、口の奥で5300N以上の力を出すことができた、とされている。研究手法が同じではないので、厳密な意味での比較はできないが、現生のホホジロザメのそれが奥歯で3130Nという。ホホジロザメは、この力でさまざまな大型動物の肉を噛み切ることができる。ダンクルオステウスは、そんなホホジロザメの実に1.7倍以上の力を有していたことになる。

サイズ、パワー。その両方で、ダンクルオステウスは間違いなく、当時の海洋生態系の頂点に立っていた。

おそらく、ほとんどの海棲生物が、当時、ダンクルオステウスの獲物となったことだろう。なにしろ、どう考えても攻撃するリスクが高いとみられる同種に対してでさえ、襲った痕跡が確認されているのである。

ちなみに、「N」とは「ニュートン」という力の単位。かつては同じ力の単位として「kg重」がよく使われていた。1Nは0・102kg重に相当する。

板皮類の正体

ここまで見てきたようにデボン紀という時代、魚の仲間が無脊椎動物から生態系の〝支配的な地位〟を完全に奪取した。

その主力となったグループが板皮類で、彼らは胎生という新たな繁殖形態を獲得していたり、圧倒的な破

39 **ダンクルオステウス**
Dunkleosteus
古生代最大・最強の魚で、板皮類の代表的な存在。ただし、化石がみつかっているのは頭胸部だけで、からだの半分以上は想像です。
イラスト：月本佳代美

壊力をもっていたりした。

　では板皮類とは、いったい何者なのか？

少なくとも現生動物には、こんな甲冑魚は存在しない。残念ながら、世界中のどの水族館を訪ねても板皮類の生きている姿を見ることは不可能だ。

　では、現生のどの魚のグループに近い存在なのか。マグロやサケなどの条鰭類か、サメやエイなどの軟骨魚類か、それともシーラカンスなどの肉鰭類なのか。

　ダンクルオステウスを例にとると、頭胸部の甲冑部分しか化石として発見されていない。すなわち、体軸を支えていたのは、化石として残りにくい軟骨だった可能性が高い。ボスリオレピスも発見されるのは、もっぱら甲冑部分だ。

　こうした点を考えると、板皮類は現在でいうところのサメやエイと同じ軟骨魚類に近い存在だったのだろうか？

　こうした疑問の答えになるかもしれない板皮類が、

2013年に中国科学院のミン・チューたちによって報告されている。それは、中国の雲南省にあるシルル紀最末期の地層から化石が発見された「エンテログナトゥス(*Entelognathus*)」だ40。

エンテログナトゥスは推定全長20センチメートル超とみられる板皮類で、その化石はやはり頭胸部だけがみつかっている。姿は、ボスリオレピスのような板皮類よりは、マテルピスキスやダンクルオステウスに近い……近いが遠く、ダンクルオステウスと比べると、口先がやや鋭角で、スマートな感がある。「V18620」との標本番号がついたこの化石で、秀逸だったのは頭部だ。保存状態が良く、細部まで観察することができた。古生物の研究は、こうした保存状態の良い標本がしばしば理解の大きな進展につながる。

観察の結果、エンテログナトゥスは板皮類としては初期の種類であるにもかかわらず、その顎のつくりが複雑だったということが明らかになった。「複雑なつくりの顎」という特徴は、現在の海で大繁栄する条鰭類や肺魚類などを含む「硬骨魚類」や、前章で紹介した棘魚類と共通するものだったのだ。一方で、

40 エンテログナトゥス
Entelognathus
一見、何の変哲もない板皮類に見えますが、その顎のつくりから魚の仲間全体の進化を議論する上での超重要種です。
イラスト：服部雅人

軟骨魚類としての特徴ももちあわせていた。

チューたちはこうした分析結果をもとに、板皮類を「硬骨魚類と棘魚類、軟骨魚類が分かれる前に分岐したグループ」として位置付けている。

つまり、デボン紀の海には、硬骨魚類と棘魚類、軟骨魚類の3大グループが存在し、この3グループとは別に、3グループと共通点をもつ独立した原始的なグループとして板皮類が存在した、というわけである。

硬骨魚類でもない、棘魚類でもない、軟骨魚類でもない、〝第4のグループ〟ということだ。そして、そのグループの原始的な種には、残る3グループに共通する特徴があったのだ。

サカナの帝国、はじまる

デボン紀という時代は、魚の仲間を頂点とする海洋生態系が確立した時代である。

いうなれば、〝サカナの帝国〟はこのときから始まった。その最初の王朝が板皮類のものだったわけだ。こののち、王朝の支配者が替わったり、爬虫類や哺乳類という〝革新勢力〟が水中に進出することはあるものの、基本的には魚の仲間が海の生態系をリードしつづける。

ただし、〝板皮類王朝〟であるデボン紀においても、他にもたくさんの魚の仲間たちがいた。彼らをすべて紹介しようとすると、おそらくそれだけで一冊の本になりそうなので、それはまたの機会に譲るとして、ここでその中からまず2種類を紹介しておこう。「ハイネリア（*Hyneria*）」と「アカント

デス（*Acanthodes*）」だ。

ハイネリアは、北アメリカ大陸にあった幅の広い河川域に棲んでいた大型の肉鰭類だ。全身像は不明ながらも、ウロコの一つが最大で長さ5センチメートル弱、幅6センチメートル弱に達し、全長は3メートル、もしくは4メートルに達したと推測されている[41]。

肉鰭類といえば、現在のシーラカンスが属する分類群で、実は本書でもすでに登場している。ご記憶だろうか。〝史上初のメートル級の魚〟として紹介したシルル紀のメガマスタックスがそれである。肉鰭類はその後も大型化を進めていたというわけだ。

ハイネリアの存在は魚の仲間による支配が、海洋だけにとどまっていなかったことを示唆している。河川という生態系において、4メートルもの巨体に太刀打ちできる存在は、そうそういない。とくに、当時の無脊椎動物の中では、これほどのサイズのものは確認されていない。もはや、無脊椎動物が幅を利かせることができた時代は河川において

41 ハイネリア
Hyneria
ウロコの一つが長さ５センチメートルにもなるという巨大な肉鰭類です。こう見えても淡水魚でした。
イラスト：服部雅人

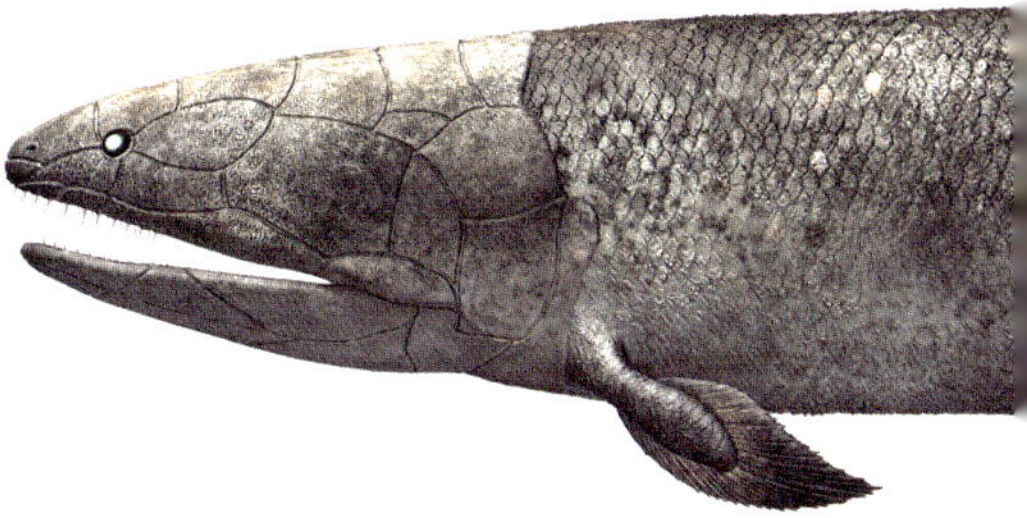

も終わっていたのである。
一方のアカントデスは、けっして「巨大な魚」というわけではない。全長は約9センチメートルとヒトの手のひらサイズだ。口に歯はなく、けっして強者とはいえなかっただろう。こちらは棘魚類の仲間である。
棘魚類に関しても、すでに登場している。〝初期の有顎魚類〟として紹介したクリマティウスがそれだ。アカントデスはクリマティウスと比べるとその全長は半分以下しかない。また、クリマティウスはヒレが棘となっていたのに対し、アカントデスの棘はヒレの前縁に限定されている。こうした棘の位置は、棘魚類の中でも進化的な種にみることができるものだ42。
棘魚類は生態系の頂点に立つような〝支配的な種〟を生み出さなかった。しかし、たとえば、アカントデスはなかなか〝長寿〟であり、デボン紀だけではなく、その次の時代である石炭紀、そして、その次の時代であるペルム紀の地層からも

42 アカントデス
Acanthodes
棘魚類の仲間です。デボン紀からペルム紀にかけて栄え、化石はアメリカ、フランス、イギリス、中国、ロシアなどからみつかっています。
イラスト：服部雅人

化石がみつかる。

足あるものたちとの分水嶺

メガマスタックスやハイネリアを生んだ肉鰭類は、私たち陸上脊椎動物にとって、大きな意味をもつ存在である。なにしろ、陸上脊椎動物の祖先は、この肉鰭類からデボン紀後期に出現したと考えられているのだ。

ハイネリアの繁栄と同じ時期に登場した肉鰭類に、カナダから化石がみつかっている「ユーステノプテロン（*Eustenopteron*）」がいる。全長は1〜1・8メートルほど。ハイネリアの半分に満たない大きさで、魚雷のような姿をしている㊸。

ユーステノプテロンは陸上脊椎動物の誕生に向けた特徴をもっていることで知られている。

㊸ユーステノプテロン
Eustenopteron
“脊椎動物の上陸作戦”において、その基点の種として、よく知られています。そのカラダはしばしば「魚雷のような」と形容されます。
イラスト：服部雅人

その特徴とは、ヒレの中に〝腕の骨〟が確認できること、そして、尾ビレの先端にまでまっすぐに脊椎が伸びていることなどだ。ただし、腕の骨があったとしても、それは関節していないので腕のように使うことはできなかった。

それでも腕の骨は間違いなく陸上種の特徴だ。また、尾ビレの先端にまでまっすぐに脊椎が伸びる点も、尻尾をもつ陸上脊椎動物と同じである。

陸上脊椎動物に向けての進化をたどる上で、ユーステノプテロンと並ぶ重要種をあげるとすれば、それは「ティクターリク（*Tiktaalik*）」だろう44。全長2・7メートルと、ユーステノプテロンを大きく上回る巨体をもった肉鰭類だ。今はあまり見なくなったが、現代日本における公衆電話の電話ボックスの高さがおよそ2・5メートルだから、電話ボックスを倒した大きさとティクターリクの大きさ

44 ティクターリク
Tiktaalik
やはり“脊椎動物の上陸作戦”において、ユーステノプテロンと同じくらい重要な種です。「腕立て伏せする魚」としても知られています。
イラスト：服部雅人

イラスト：月本佳代美

はほぼ等しいといえよう。電話ボックスにギリギリ入らないサイズ、といえば良いだろうか。

　同じ肉鰭類であっても、ユーステノプテロンとティクターリクは、かなり見た目が異なる。魚雷型のユーステノプテロンに対し、ティクターリクは横に平たいのである。まるで、ワニのような姿をしており、その意味でまず、姿がだいぶ〝陸上脊椎動物寄り〟なのだ。

　見た目だけではない。ティクターリクのヒレの中にも〝腕の骨〟はあり、しかもユーステノプテロンとはちがって、それが関節していた。つまり、ティクターリクには肩、肘、手首の関節があり、「腕立て伏せ」をすることができたのだ。その意味で、ティクターリクは、ユーステノプテロンのような〝陸上脊椎動物の祖先〟と陸上脊椎動物をつなぐ鍵となる存在といえる。

　ちなみに、四肢をもった脊椎動物もデボン紀後期に誕生している。その代表種ともいえるのが「アカントステガ（*Acanthostega*）」だ❹❺。全長60センチメートルほどで、この数値は現代のコンビニエンスストアでレジ脇にあるホットボックス（揚げ物などが並ん

㊺アカントステガ
Acanthostega
最初期の「四肢をもつ脊椎動物」。指は各8本ありました。四肢をもつものの、陸上歩行はしていなかったとみられています。
イラスト：服部雅人

でいるアレである）の高さに近い。電話ボックスサイズのティクターリクと比べると、ずいぶん小さい。

アカントステガは、ヒレではなくはっきりとした四肢をもち、そこには指が8本並んでいた。明らかに魚の仲間ではない。ただし、この四肢は陸上で自重を支えるには貧弱だったとみられている。また、近年の研究ではアカントステガの既知の標本はみな幼体であるともされており、謎は多い。

いずれにしろ、ユーステノプテロンやティクターリク、アカントステガなどの動物たちを経て、陸上脊椎動物の道が拓けたとみられている。本書では一度上陸した彼らの子孫がのちのページで再登場する。ご期待いただきたい。

軟骨の魚は棘ある魚から生まれた？

閑話休題。

話を水中に戻そう。

板皮類エンテログナトゥスの分析の結果、板皮類（の少なくとも一部の種）には硬骨魚類、棘魚類、軟骨魚類の特徴がみられると書いた。硬骨魚類は現在の海で最も繁栄しているグループの条鰭類と肉鰭類を含み、棘魚類はヒレの中に棘をもつ絶滅グループ、そして軟骨魚類である。

ここでは軟骨魚類に注目したい。

現在の軟骨魚類は、サメやエイなどを含む板鰓類、ギンザメを含む全頭類で構成されるグループで、現生種は900を数える。現在の海洋世界に君臨する恐るべき狩人「ホホジロザメ」や、現在の海洋世界で最大のサカナでもある「ジンベエザメ（*Rhincodon typus*）」が有名だ。

軟骨魚類の歴史は、いつから始まったのだろうか？

実はこれがよくわかっていない。軟骨魚類の「軟骨」は、硬骨魚類の「硬骨」よりも化石に残りにくく、標本の発見数、保存の状態、分析の実績がいずれも不十分なのだ。

今のところ、〝最古の軟骨魚類〟として知られるのは、2003年に報告された「ドリオダス（*Doliodus*）」である。カナダのニューブランズウィック州に分布するデボン紀前期の地層から化石が発見された。それは、標本としては23センチメートルの前半身の部分化石で、全身像の復元はこれまでになされていない。全長はおそらく50センチメートルから70センチメートルほどであったのではないかとみられている。「NBMG－0－27」という標本番号が与えられた。

2017年、アメリカ自然史博物館のジョン・メイシーたちによって、「NBMG－0－27」のドリオダス標本に、棘魚類のものと似た特徴があることが報告された。胸ビレに棘があったのだ。ジョン・メイシーたちは、これこそ軟骨魚類が棘魚類から生まれた強い証拠である、としている。

ナゾの軟骨魚類「クラドセラケ」

クラドセラケ（*Cladoselache*）という軟骨魚類に注目しよう㊻。アメリカ、オハイオ州などで化石が豊富にみつかる。全長は大きいもので2メートルほど。ドリオダスの2000万年ほどのちの時代に現れ、ドリオダスのからだつきを大きく上回るサイズの持ち主だ。

流線型のからだは、現在のサメ類とよく似ている。発達した胸ビレと背ビレをもち、尾ビレの形状は幅の広いブーメランのようだ。その姿から「最古のサメ」「最初期のサメ」としてかねてより知られてきた。

もっとも、「よく似ている」とはいっても、違いも多い。厳密にみれば、クラドセラケのからだの流線型は現在のサメ類のそれほどではなく、口の位置も異なる。現在のサメ類の口は吻部の下にあるが、クラドセラケのそれは、吻部の先端にあった。また、サメ類の多くは、顎が頭骨から〝外れて飛び出す能力〟をもっているが、クラドセラケの顎は頭骨にがっちり関節していて、飛び出さなかったと考えられている。

本書の監修者の一人でもある、沖縄美ら島財団総合研究センターの冨田武照は、「CMNH8－１－4」と標本番号のついたクラドセラケの胸ビレ標本を分析し、2015年にその形状を詳しく報告している。この研究によって、クラドセラケの胸ビレは、現在のサメ類とは異なる形をしていたことが明らかになった。

その他、さまざまな研究結果から、近年ではクラドセラケを「最古のサメ」と呼ぶことは不適であるとされている。そもそも前述の通り、現在のサメ類は「板鰓類」とよばれる軟骨魚類のグループの中の一群だが、クラドセラケには板鰓類としての特徴が確認できないという。クラドセラケは、あくまでも「サメに似た姿の軟骨魚類」にすぎないのである。

さて、クラドセラケはサメ類ではないけれども、それでもサメ類のような狩人ではあったとみられている。

2015年の冨田の研究によれば、胸ビレのつけ根にはくびれがあったという。このことから、おそらく胸ビレをひねることができたとみられる。クラドセラケの胸ビレは複数の板状の骨で構成されているが、その骨のつくりは、ヒレの内部で一様ではない。前部の骨は幅広で、後部にいくほど幅が狭くなり、骨と骨の間に隙間ができていく。これは、現生のサメ類と同じ特徴だ。なお、ここでいう「隙間」とはあくまでも骨の話で、外見的に「隙間」があったわけではない（骨の上には皮があった）。

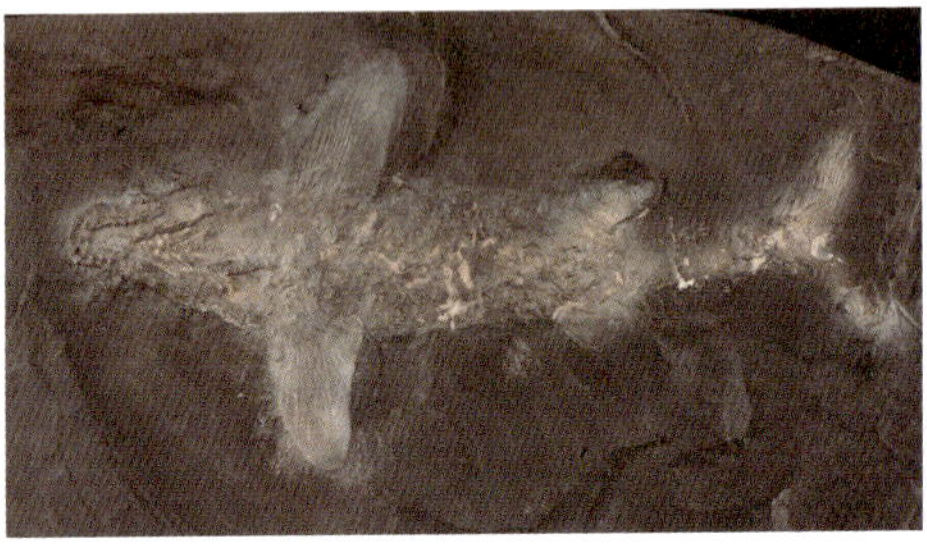

46 クラドセラケ
Cladoselache
「最初期のサメ」「デボン紀のサメ」としてその名が知られた軟骨魚類です。ただし、正しくは「サメ類（板鰓類）ではない」と指摘されています。上は、群馬県立自然史博物館所蔵の標本。全身の形を確認できます。
イラスト：月本佳代美
写真：安友康博／オフィス ジオパレオント

高速で泳ぐ際の水の流れは頑丈な前部でしっかりと受けることができる。そして、隙間のある後部は自由に動かして軌道を調整する。飛行機に乗ったことがある方は、離着陸時に翼の後部が上下に動いている様子を見たことがあるだろう。これは揚力を制御するためのもので、同じことがサメ類には可能であり、そしてクラドセラケにもできたとみられている。水中においては、これは機動力を生み出すことに一役買ったはずだ。

こうしてみると、サメ類とクラドセラケに共通点があるように思えるが、これは〝高機動遊泳者〟として水中適応した結果の可能性があると、筆者の取材に対して冨田は指摘している。

別のグループの動物が進化の結果として似たような姿になる。この現象は「収斂進化」と呼ばれる。さまざまな動物群で確認できる現象であり、とくに水棲種では顕著にみられる。

またクラドセラケは、これまでに数百を数える豊富な

化石が確認されているが、なぜかクラスパー（雄の生殖器）がみつかっていない。そのため、これまでに発見されているすべてのクラドセラケは雌だったのではないか、という見方がある。雄と雌は、異なる水域で暮らしていて、たまたま雌の水域が化石として残るようになったのではないか、というわけだ。

クラスパーをもつ雄のクラドセラケは存在するのか？

それとも、そもそもクラドセラケにクラスパーはないのか？

本章でも触れたがクラスパーは、体内受精をする際に用いる器官だ。これがないということは……クラドセラケは、体内受精ではなく、体外受精をしていたのかもしれない。

これもまたクラドセラケの謎の一つである。

なお、いささか特殊だったいわゆる〝初期のサメ〟（厳密にはサメ類ではないがこのように呼ばれてきた）は、なにもクラドセラケだけではない。2014年に、アメリカ自然史博物館のアラン・プラデルたちは、デボン紀の次の時代にあたる石炭紀の新種の軟骨魚類を報告し、それを〝古生代のサメ〟（つまり〝初期のサメ〟）としたうえで、エラのつくりに硬骨魚類の特徴があると指摘している。

つまり、クラドセラケに代表される、かつて〝初期のサメ〟と呼ばれていたものたちは、軟骨魚類としては原始的な特徴をもつグループで、そして硬骨魚類の特徴ももっているということになる。

繁栄する〝初期のサメ〟

デボン紀の海では、甲冑で身を守る板皮類と、機動性に長ける軟骨魚類が生態系の上位に君臨していた。最大種はすでに紹介したダンクルオステウス（板皮類）で、その強さは明らかに他種、他グループを圧倒するものだった。誤解を恐れずに簡略化してしまえば、〝剛〟の板皮類と、〝軟〟の軟骨魚類が当時の強者であり、そして〝剛〟の方が、一段上にあった。

しかし約3億5900万年前にデボン紀が終わり、古生代第5の時代である石炭紀が始まると、海洋世界はガラリと変わっていた。

あれだけ繁栄を誇った板皮類が姿を消し、軟骨魚類、とくにかつて〝初期のサメ〟と呼ばれていたものたちが大繁栄するのだ。なお、板皮類が姿を消した理由についてははっきりとした仮説は提唱されていない。

さて、ここでは石炭紀と、その次の時代であるペルム紀に登場した〝初期のサメ〟をいくつか紹介しておこう。

まずは、スコットランドから化石がみつかっている「アクモニスティオン（*Akmonistion*）」だ47。石炭紀の軟骨魚類である。全長は60センチメートルほどと、現在のサバより少し大きいくらい。クラドセラケよりはぐっと小さい。しかし、その姿はクラドセラケよりもよほどインパクトがある。第1背ビレが特殊化し、その先端が水平に広がっていて、その上には歯のような形状のウロコがびっしりと並んでいた。

いったい何のために、このような〝武装〟をしていたのか。その理由はわかっていない。ただし、

現在
新生代
中生代
石炭紀
デボン紀
古生代
先カンブリア時代

47 アクモニスティオン
Akmonistion
石炭紀の軟骨魚類で、背ビレが特殊化しています。その形は、まるで"棘付きのアイロン台"のようです。
イラスト：服部雅人

2009年にアメリカ自然史博物館のジョン・メイシーが発表した研究によれば、これは成熟した雄に確認できる特徴であるという。

一方、〝武装〟についてある程度の推測がなされている軟骨魚類もいる。それがアメリカの石炭紀の地層から化石がみつかっている「ファルカトゥス（*Falcatus*）」だ48。全長30センチメートルと、現在のアユサイズのこの魚には、雄の後頭部に前向きに伸びる棒状構造があった。後頭部からほぼ真上に向かって棒状のつくりが伸び、ほどなくそれがぐぐっと前方に向かってほぼ直角に曲がるのだ。そして、その先端がやはり棘だらけだった。

ファルカトゥスに関しては、サイズ、

48 ファルカトゥス
Falcatus
石炭紀の軟骨魚類で、雌雄とみられる化石がみつかっています。雄と見られる方には棒状の"ツノ"があり、雌は吻部が突出していませんでした。
イラスト：服部雅人

49 バンドリンガ
Bandringa
石炭紀の軟骨魚類で、平たく伸びた吻部が特徴です。この吻部をつかって、海底下の浅いところに潜む獲物を探していたようです。
イラスト：服部雅人

姿ともによく似たサカナの化石が、同じ地層からみつかっている。ただし、こちらには棒状構造はない。棒状構造をもつものは雄、棒状構造をもたないものは雌であるとみられている。また、棒状構造は、成熟した個体のみに見ることができるため、何らかの形で繁殖に関係していた可能性は高いとされる。

石炭紀のさらに小さな軟骨魚類も紹介しておこう。ファルカトゥスとは別のアメリカの地層から化石がみつかっている「バンドリンガ（*Bandringa*）」だ49。全長10センチメートルほどと、ヒトの手のひらサイズである。バンドリンガは、淡水域と海水域を行き交う現在のサケのような生態のもち主で、吻部の先端が

50 ハミルトニクチス
Hamiltonichthys
「ヒボダス類」と呼ばれる軟骨魚類グループの初期の種です。水底付近で暮らしていたとみられています。詳細は、次ページ本文にて。
イラスト：服部雅人

長く平たく伸びているという特徴がある。この長い吻部とからだの側面に電気信号を感知できる感覚器官が備わっており、この器官を使うことで、水底に潜む獲物を食べていたとみられている。実際、バンドリンガの口は下向きで、彼が底棲種だったことを物語っている。

底棲種として忘れてはならないのは、バンドリンガの産地とは別のアメリカの石炭紀の地層から化石がみつかっている「ハミルトニクチス（*Hamiltonichthys*）」だ50。大きさはバンドリンガと同じくらい。多くの復元画では尾ビレは三日月型ではなく、尾の下に多少発達する程度。現代のカスザメ、あるいはナマズに似た独特の顔つきで、吻部は短く、口はその吻部先端にあった。頭部には小さな棘があり、そして2枚ある背ビレの前にもそれぞれ太く長く頑丈な棘が確認されている。2種類の歯をもち、そのうちの1種類はいわゆる「サメの歯」と

51 ヘリコプリオン
Helicoprion

下は大石コレクション／城西大学化石ギャラリー展示標本です。このような歯化石しかみつかっていなかったため、その復元と分類は長い間、謎でした。この復元は、全頭類であるとした2013年の研究にもとづきます。詳細は次ページ本文にて。

イラスト：月本佳代美
写真：安友康博／オフィス ジオパレオント

似て鋭く、もう１種類は幅広で上面には洗濯板のような凹凸があった。洗濯板状の歯は口の奥にあり、ここで硬いものをすりつぶしたとみられている。

ハミルトニクチスは「ヒボダス類」と呼ばれる軟骨魚類グループの構成員で、その最も初期のものの一つである。ヒボダス類は古生代が終わり、次の中生代が始まると大いに繁栄することになる。その先駆的な存在が、石炭紀のアメリカ大陸にすでに出現していたのだ。

こうした石炭紀の軟骨魚類と一線を画すのが、アメリカのペルム紀の地層から化石がみつかっている「ヘリコプリオン（*Helicoprion*）」だ。ヘリコプリオンは、その歯の化石がよく知られており、非常に独特である51。１００個を超える歯が螺旋状の渦を描いているのだ。こんな珍妙な歯をもつサカナは他に知られておらず、歯の形状から軟骨魚類のものと推測がつくものの、いったいどのように顎についていたのかについて、研究者は１００年以上も試行錯誤を重ねてきた。そうして考え出された復元の中には、歯ではなく、背ビレや尾ビレの一部と解釈されたものもある。

現在のところ、「最も有力」とされるヘリコプリオンの復元像は、２０１３年にアメリカ、アイダホ州立大学のレイフ・タパニラたちが発表したものだ51。タパニラたちは、「ＩＭＮＨ３７８９９」という標本番号のついたヘリコプリオンの化石を詳細に分析し、歯の周囲の岩に顎の構造が残っていることを見出した。その分析によって、この螺旋状の歯は、下顎の中軸に配置されていた可能性が高くなった。この歯は、おそらく軟体動物を食べることに使われていたとみられている。

タパニラたちの研究では、ヘリコプリオンが軟骨魚類の中の全頭類というグループに分類されることが指摘されている。全頭類は、現在でいうところのギンザメの仲間で、サメやエイを含む板鰓類とは別グループだ。

古生代終盤の水圏のフシギな生物

軟骨魚類の繁栄が目立った古生代終盤。しかし、もちろん、水圏が彼らだけのものだったわけではない。いくつか、他の動物も紹介しておこう。

「ツリモンストラム（*Tullimonstrum*）」は、軟骨魚類バンドリンガと同じ産地から化石が採れる水棲動物である。全長は大きなもので40センチメートル。バンドリンガの4倍の大きさだ。

ツリモンストラムは、〝変哲な動物〟だ。からだはまるで靴の中敷（インソール）のように平たく、そして前後に長い。先端は細いチューブ状になって長く伸びていて、その先端にはハサミがあった。そして、チューブ状構造の根元の近くでは細い軸が左右に伸びていて、その先に眼がついていた。一方、後端には大きなヒレが確認されている52。

所属不明、生態不明。発見者の名前にちなんで「ターリーモンスター」の愛称でも知られる。「変哲」ではあるけれども、その化石はけっして「希少」というわけではなく、それなりの個体数が発見され、市場にも供給されている。産地をかかえるイリノイ州では、ツリモンストラムを「州の化石」として認定しているほどだ。

一般に、発見される個体数が多くなればなるほど、その古生物についての知見は多くなっていく。

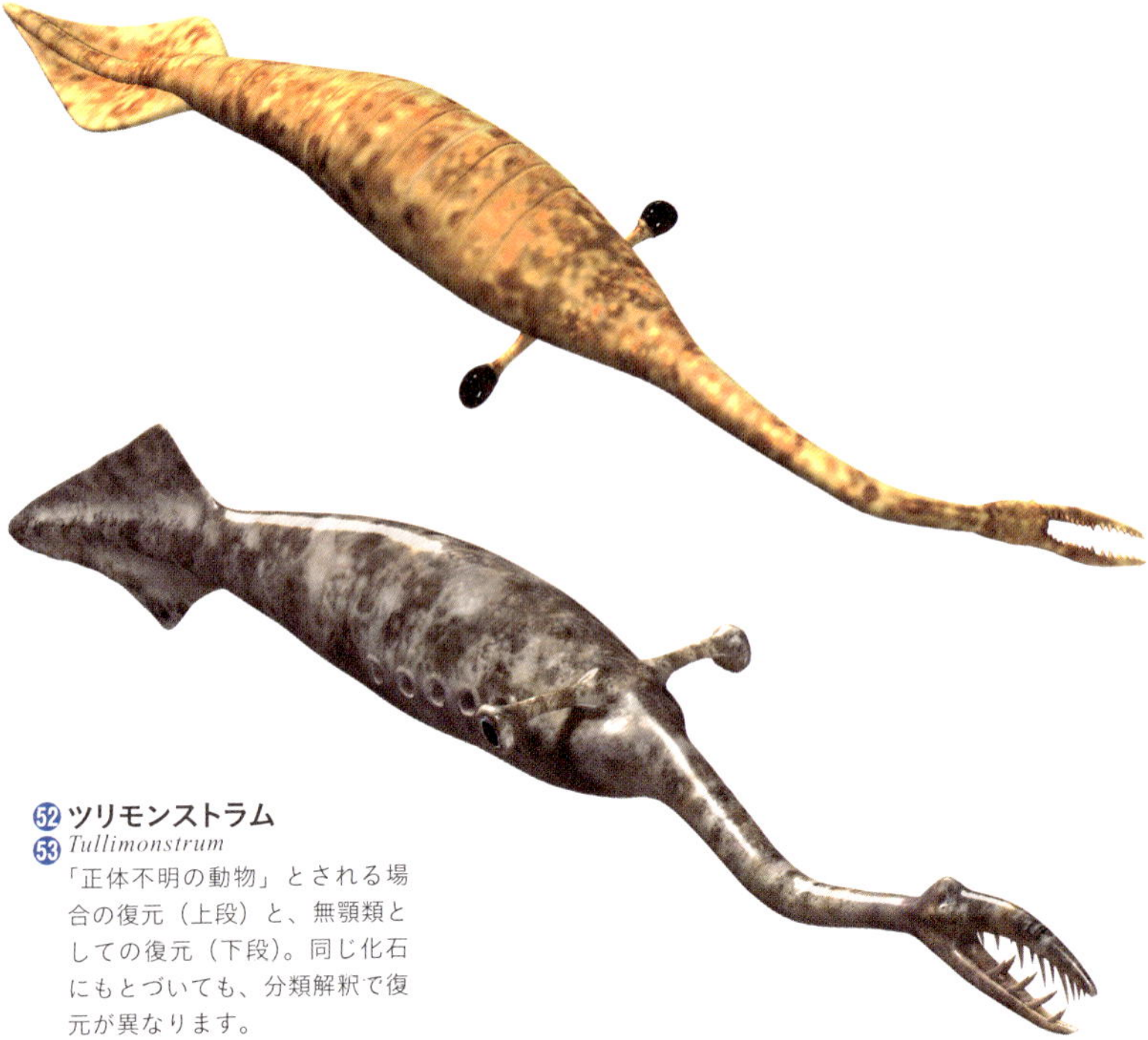

52 53 ツリモンストラム
Tullimonstrum
「正体不明の動物」とされる場合の復元（上段）と、無顎類としての復元（下段）。同じ化石にもとづいても、分類解釈で復元が異なります。
イラスト：服部雅人

しかしツリモンストラムに関しては、1966年に公式に報告されて以降、ずっと謎の動物として扱われてきた。

2016年、アメリカ、イェール大学のヴィクトリア・E・マッコイたちが発表した研究は、この謎を解き明かすものと思われた。マッコイたちは1200を超える標本を分析し、ツリモンストラムの化石に脊索や軟骨、エラなどが確認できると報告したのである。これによってツリモンストラムは、無顎類の、現在のヤツメウナギに近い魚だったと位置付けられた。このときの論文は、タイトルはそのまますばり「The 'Tully monster' is a vertebrate（″ダーリーモンスター″は脊椎動物だ）」というもので、あわせて発表された復元画は、ヤツメウナギを意識したものに変更された。からだには厚みが表現され、側面には丸い鰓孔が描かれた[53]。

50年にわたる謎が解けた！　……と思われた。

しかし2017年になって、アメリカ、ペンシルヴェニア大学のローレン・サランたちが、マッコイたちの論文を真正面から否定する研究成果を発表した。サランたちは、マッコイたちがヤツメウナギに近い魚の特徴として挙げた数々の証拠を検証し、否定していったのである。

たとえば、マッコイたちが脊索と判断した証拠は、この化石産地ではそもそも化石として残るはずがない、と指摘した。たしかに、この化石産地ではバンドリンガをはじめとして、多くの脊椎動物の化石がみつかっている。しかし、そのいずれにも脊索や脊椎はみつかっていないのだ。これを「偶然」というのは、いささか無理がある。

ざっくりとまとめてしまえば、マッコイたちの挙げた「脊椎動物の証拠」は、「見間違いだった」のではないかというわけである。

こうして謎は再び謎となったのだ——。

さて、魚以外の水棲動物も紹介しておこう。

本章で、陸上動物たちとの分水嶺の具体例として、アカントステガを挙げた。アカントステガの″進化の先″には、水辺で繁栄する両生類、より内陸へと進出した爬虫類などが存在する。そうした陸上進出した動物たちの一部は、再び水圏へと〝還って〟きた。

　スコットランドとアメリカの石炭紀の地層から化石がみつかっている「クラッシギリヌス（*Crassigyrinus*）」は、〝還ってきた両生類〟の一つだ54。全長は1・5メートルから2メートルとヒトサイズか、ヒトよりもやや大きい。その姿は、現在のウツボの吻部を寸詰まりにしたようなイメージに近い。いや、正確に書くのであれば、〝四肢の生えた吻部寸詰まりのウツボ〟というべきか。

　大きな頭部、長い胴、長い尾をもち、そして、小さな四肢があった。口には鋭い歯が並ぶ。ウツボと同じような肉食性であったことは確かだし、この四肢では陸を歩くことは不可能なので水棲だったことも確かだろう。

　アメリカとモロッコのペルム紀の地層から

54 **クラッシギリヌス**
Crassigyrinus
小さな四肢をもつ水棲の両生類。口には鋭い歯が並んでおり、この動物が恐るべき肉食動物だったことがわかります。
イラスト：服部雅人

55 ディプロカウルス
Diplocaulus
左右に大きく広がった頭部をもつ水棲の両生類です。左下は、その頭骨の復元標本。この頭部は、成長にともなってしだいに広がっていったものとみられており、その成長段階のものとされる化石もみつかっています。
イラスト：服部雅人
写真：オフィス ジオパレオント

化石がみつかっている「ディプロカウルス（*Diplocaulus*）」も水圏に〝還ってきた両生類〟だ55。全長は1メートルほどで、クラッシギリヌスと比べるとやや小型といえる。最大の特徴はブーメランのような形状をした頭部だ。左右に大きく広がっていたのである。その幅は、大きなものでは40センチメートルに達した。

ディプロカウルスの化石は、アメリカで多くみつかっており、その成長段階を追うこともできている。幼体の化石をみると、その頭部はブーメラン型ではなく、正三角形に近かった。成長するにつれて、頬が外側へと拡張していき、そして、最終的にブーメランのようになったというわけである。

全身が平たいこともディプロカウルスの大きな特徴だ。頭部はまさにブーメランのように厚みはなく、胴体も薄かったとみられている。ディプロカウルスの化石は、かつて水流の速い河川だったとみられる場所からみつかっており、平たいからだはそうした場所で動き回るときに、有利だったのかもしれない。

爬虫類からも1種類を紹介しておこう。「メソサウルス（*Mesosaurus*）」だ56。大きさはディプロカウルスと同程度。長い尾と長い首をもち、頭部も細長いという水棲の爬虫類である。口には鋭い歯が並び、肉食性だったことがよくわかる。

メソサウルスは、その化石産地に特徴がある。メソサウルスは、湖沼に生息する爬虫類であったにもかかわらず、その化石はブラジルなどの南アメリカ大陸と、南アフリカ共和国などのアフリカ大陸でみつかっ

56 **メソサウルス**
Mesosaurus
水棲の爬虫類としては最古級になります。水棲は水棲でも「淡水棲」であったことが「大陸移動説」の証拠として、本種の知名度をあげることに大きく貢献しました。下は、佐野市葛生化石館の所蔵・展示標本です。
イラスト：服部雅人
写真：安友康博／オフィス ジオパレオント

ているのだ。湖沼で暮らすということは、大洋を渡る能力に乏しかったことを示唆しているが、それにもかかわらず、大西洋をはさんだ２大陸から化石がみつかる。このことは、ペルム紀当時、南アメリカ大陸とアフリカ大陸が地続きだったことを示しているのである。

史上最大・空前絶後の大量絶滅事件

約５億４１００万年前から現在に至る地球の歴史は、「顕生累代」と呼ばれる。

顕生累代は三つの「代」に分類され、古い方から「古生代」「中生代」「新生代」と呼ばれる。

一方、顕生累代における動物群は、地質時代のように三分されるわけではない。古生代の動物たちによって特徴づけられる「古生代型動物群」と、中生代と新生代の動物群によって特徴づけられる「現代型動物群」に二分されるのである。

つまり、動物群の歴史を二分する大きな事件が、古生代末にあったのだ。古生代型動物群を滅ぼすイベントである。これは古生代最後の時代の「ペルム紀（Permian）」の頭文字と、中生代最初の時代の「三畳紀（Triassic）」の頭文字をとって、「Ｐ／Ｔ境界大量絶滅事件」と呼ばれている。

Ｐ／Ｔ境界大量絶滅事件の大きさを物語るのが、その絶滅率だ。

２０１６年に、アメリカ、ハワイ大学のスティーヴン・Ｍ・スタンリーが発表した研究によると、Ｐ／Ｔ境界大量絶滅事件で姿を消した動物は、全海洋動物種の81パーセントにおよんだという（別の研究者は、96パーセントという数字を採用していたが、スタンリーはこれを下方修正した形になる）。これがどのくらいトンデモナイ数値かといえば、〝恐竜の絶滅〟で有名な中生代白亜紀末（約6600万年前）の大量絶滅事件の絶滅率が「70パーセントに満たない」といえば、その規模が伝わるだろうか？

なお、P／T境界大量絶滅事件の原因については、隕石衝突説、火山の大規模噴火説、海洋無酸素説など、さまざまな仮説が提唱されている。こうした仮説の中で、隕石衝突説は証拠不足とされている。火山の大規模噴火説と海洋無酸素説を結びつけた仮説が提唱されているものの、〝みんなが認める最有力〟と言われるような仮説はまだない。

P／T境界大量絶滅事件で姿を消した動物群の代表といえば、それまで細々と生きてきた三葉虫類をあげることができる。前章の58ページで、派手に武装した三葉虫類を掲載した。その後も、三葉虫類は細々と命脈を保っていたものの、P／T境界大量絶滅事件で完全に息絶えた。

他にも多くの動物が死に、系統を絶やすことになった。

なにしろ81パーセントである。

しかし、本章で紹介した魚の仲間には、なぜかP／T境界大量絶滅事件の影響が（少なくとも見た目上は）確認できていない。デボン紀に大繁栄した板皮類は石炭紀に入った時点で姿を消しているし、オルドビス紀以来の〝長寿〟を誇った棘魚類は、P／T境界大量絶滅事件の勃発の数千万年前にあたるペルム紀の半ばに姿を消している。一方、〝支配層〟の軟骨魚類は、P／T境界大量絶滅事件後も変わらず繁栄を続けていく。次章からは、そんな王者に挑戦する新たな勢力を紹介しよう。

第3章

最強と最恐。海洋覇権をめぐる決戦

「サメ類の絶対王者」vs.「モササウルス類」

爬虫類、海に進出する

約2億5200万年前、中生代の最初の時代である三畳紀が始まる。

中生代はいわゆる「恐竜時代」であり、そして「爬虫類時代」でもある。

陸においては恐竜類を中心とした爬虫類の躍進がはじまり、やがて空前の〝爬虫類帝国〟が築かれていく。その中で、「陸で暮らす」のではなく、「海で暮らす」という選択肢をとるものがいくつも現れた。

そんな爬虫類による海洋進出の先陣を切ったグループが、魚竜類である。なお、「竜」という文字が使われているものの、恐竜類との関係はない。そもそも恐竜類は「陸上の爬虫類」の1グループであり、その特徴の一つとして「脚がからだの真下にまっすぐ伸びる」ことが挙げられる。魚竜類をはじめとして、いかなる海棲爬虫類も、この特徴をもってはいないのだ。

知られている限り最古の魚竜類の化石は、宮城県南三陸町にある約2億4800万年前の地層からみつかっている。

その名を「ウタツサウルス（*Utatsusaurus*）」という57。

全長2メートルほどと、現代のメバチ（*Thunnus obesus*）と同じくらいの大きさをしているこの魚竜類は、アメリカ、カリフォルニア大学の藻谷亮介が『日経サイエンス』2001年3月号に寄せた言葉を借りれば「鰭脚の生えたトカゲ」である。細長い胴体に、三日月の下半分のような形の尾ビレを

57 ウタツサウルス
Utatsusaurus
その名前は、南三陸町の旧町名である「歌津町」に由来します。最も初期の魚竜類の一つで、泳ぎはさほど得意ではなかったようです。
イラスト：服部雅人

もち、ヒレとなった四肢をそなえていた。

　約2億4800万年前といえば、81パーセントの絶滅があったとされるP／T境界大量絶滅事件から、わずか400万年しか経過していない。生命の歴史からみれば「あっという間」と表現されるほどの短期間しか経っていない海に、ウタツサウルスは進出していた。

　ウタツサウルスは海棲種ではあるけれども、まだ〝陸の祖先〟の名残を残していた。たとえば、進化した魚竜類であれば、「鰭脚」は小さな骨が50個以上も集まって板のような構造をつくる。しかし、ウタツサウルスの鰭脚の中には、まだ指のようなつくりが残っていた。ほかにも、背骨の形状が陸上爬虫類と似ているなどの特徴がある。

　そんな手探り感のある海洋進出を行った魚竜類だけれども、瞬く間に海洋世界に適応し、繁栄するようになった。その象徴的な存在が、アメリカの約2億4500万年前の地層から化石がみつかった「タラットアルコン

（*Thalattoarchon*）」である58。

タラットアルコンの化石は不完全な頭骨しかみつかっていない。しかし、その不完全な頭骨だけでも60センチメートルの長さがあった。推測される全長は8・6メートルと、現生のシャチ（*Orcinus orca*）並み、つまり海のトッププレデター並みの大きさをもっていた。

トッププレデター並み、という表現は、何も大きさだけを指してのものではない。頭骨に残っていた歯は大きくて鋭く、一目見て、この魚竜類が恐るべき捕食者であったことがわかる。なお、その姿はウタツサウルスのような「鰭脚の生えたトカゲ」ではなく、イルカのような流線型だったとみられている。これは、進化的な魚竜類に共通する姿だ。

P／T境界大量絶滅事件でそれまで築かれてきた海洋生態系は崩壊した。

58 **タラットアルコン**
Thalattoarchon
全長 8.6 メートルの巨体をもつとされる魚竜類です。当時の魚竜類の繁栄を物語るだけでなく、その大きさから生態系の“復興”を象徴する存在でもあります。
イラスト：服部雅人

通常、崩れた生態系は、その下位から再構築される。タラットアルコンのような〝支配者層〟が現れるのは、最終段階だ。

すなわちタラットアルコンの存在は、海洋生態系の再構築が終わっていたか、あるいは終わりが近かったことを示唆している。P／T境界大量絶滅事件から1000万年未満、ウタツサウルスのような初期の種の出現から数百万年。驚くべきスピードといえる。

クビ長きモノ

俗に「中生代の三大海棲爬虫類」という言葉がある。当時、さまざまな爬虫類が海洋進出していた中で、とくに〝成功〟した三つのグループのことだ。魚竜類はその中の一つである。そして三畳紀の終わりが近づいたころ、三大海棲爬虫類の〝第2のグループ〟が現れた。

クビナガリュウ類だ。

クビナガリュウ類は、文字どおり長い首をもち、その先には小さな頭がある。胴体は潰れた樽のような形状で、四肢は鰭脚、尾は短いという独特の姿が有名だ。

59 ラエティコサウルス
Rhaeticosaurus
知られている限り最も古いクビナガリュウ類。上はその化石です。三畳紀末の時点ですでにクビナガリュウ類として“完成”していました。
写真：岡山理科大学／林昭次

知られている限り、最も古いクビナガリュウ類は、ドイツのボン大学に所属するターニャ・ウィントリッチや岡山理科大学の林昭次たちが2017年に報告した「ラエティコサウルス（*Rhaeticosaurus*）」である59。ドイツに分布する三畳紀最末期（約2億500万年前）の地層からその化石は発見された。2億500万年前という数字は、もう数百万年もすればジュラ紀というタイミングだ。

ラエティコサウルスは、全長2・4メートルほどの大きさで、ウタツサウルスよりも一回り大きいという程

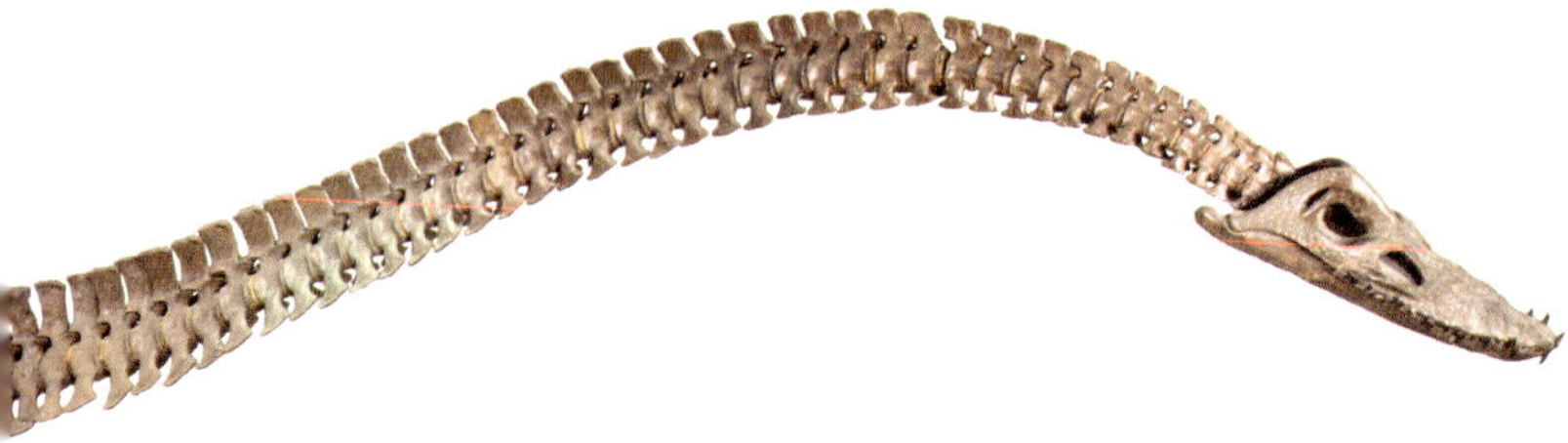

度。クビナガリュウ類としては、そのサイズはやや小型といったところだ。ウィントリッチや林たちによると、ラエティコサウルスの骨組織には内温動物（いわゆる恒温動物、温血動物と同義）の特徴が確認できるという。また、ラエティコサウルスの姿は、すでに典型的なクビナガリュウ類のそれであることから、もっと早い時期にクビナガリュウ類の〝始祖〟が出現していたとみられている。魚竜類にとってのウタツサウルスがそうであるように、クビナガリュウ類が爬虫類である以上、その祖先は陸棲であるはずで、そうした陸上種と共通する特徴を多くもった種がいたはずだからだ。クビナガリュウ類の歴史をどこまで遡ることができるのか。今後の発見待ち、といったところだ。

　クビナガリュウ類はその後、ジュラ紀、そしてその次の時代である白亜紀にかけて、世界中の海で大いに繁栄する。日本でもその化石は産出しており、とくに福島県いわき市の白亜紀の地層からみつかった「フタバサウルス・スズキイ(*Futabasaurus suzukii*)」は有名だろう60。いわゆる「フタバスズキリュウ」である（「ピー助」のモデル、と言った方がわかりやすい方も多いかもしれない）。全長は6・4〜9・2メートルと見積もられており、ラエティコサウルスの2・6倍以上の大きさをもつが、基

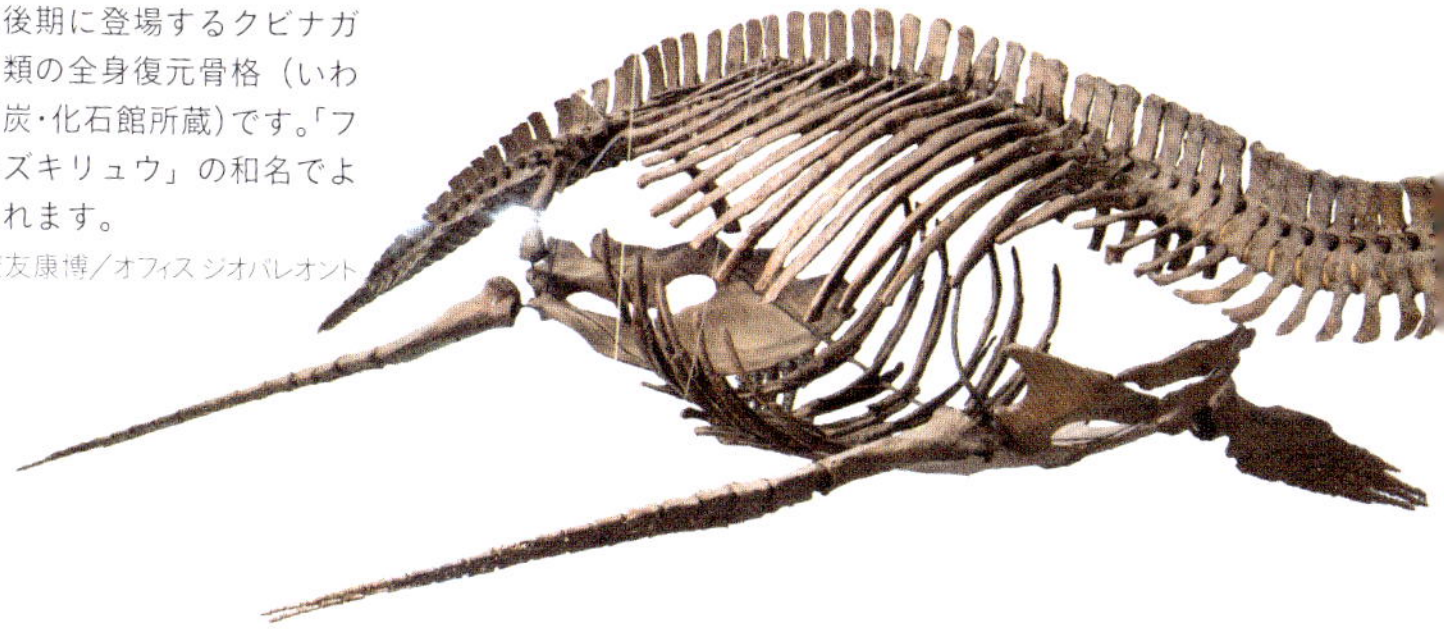

60 フタバサウルス・スズキイ
Futabasaurus suzukii
白亜紀後期に登場するクビナガリュウ類の全身復元骨格（いわき市石炭・化石館所蔵）です。「フタバスズキリュウ」の和名でよく知られます。
写真：安友康博／オフィス ジオパレオント

❻❶ **プリオサウルス**
Pliosaurus
「首の短いクビナガリュウ類」とされるクビナガリュウたちの代表的な存在です。いわき市石炭・化石館所蔵・展示標本です。
写真：安友康博／オフィス ジオパレオント

本的な姿はラエティコサウルスとよく似ている。

ラエティコサウルスにしろ、フタバサウルスにしろ、彼らが〝狩人〟であったことは間違いない。口には鋭い歯がならび、獲物によく刺さりそうだ。しかし、歯は鋭いだけで厚みに欠け、また顎も小さかった。こうした特徴をみるに、ラエティコサウルスやフタバサウルスのようなクビナガリュウ類は、生態系の頂点を争う戦いには参加できなかっただろう。覇者となるにはいささか華奢なのだ。

ただし、クビナガリュウ類全体が華奢であるかというとそうではない。

実はクビナガリュウ類には、俗に「首の短いクビナガリュウ類」と呼ばれる種がいくつも存在する。代表的な種類は、イギリスやロシアなどのジュラ紀および白亜紀の地層から化石がみつかっている「プリオサウルス（*Pliosaurus*）」である❻❶。プリオサウルスの仲間にはいくつかの種が確認されており、その中の一つは全長6・5メートルほどとフタバサウルスと同等か、やや小型だった。ただし、これはあくまでも「長さ」

としての数字である。頭骨はフタバサウルスと比べると圧倒的に大きく、2メートル近くもの長さがあり、幅も広く、そこには太くて鋭い歯が並んでいた。明らかに生態系上位者のそれだ。そして種によっては、全長10メートルを超える大型のプリオサウルスもいたらしい。まさに覇者級である。ちなみに日本国内でその迫力を味わいたければ、いわき市石炭・化石館がおすすめだ。同館にはフタバサウルスの全身復元骨格も展示されており、プリオサウルスとのちがいを楽しむこともできる。「圧巻」ともいえるプリオサウルスの面構えをしっかりと拝むことができるだろう。

軟骨魚類は海の底で繁栄する

かつて軟骨魚類は、板皮類との生存競争の果てに、大きな繁栄を手に入れた。その後、彼らはP/T境界大量絶滅事件で大きなダメージを受けることもなく、中生代へと子孫を残していた。

そうした軟骨魚類の中で、本書において注目したいのは、ヒボダス類だ。石炭紀の底棲種として紹介したハミルトニクチスの仲間たちである。ヒボダス類は中生代に入って大いに繁栄した。

このグループは、「ヒボダス(*Hybodus*)」に代表される62。ヒボダスには多くの種が存在するけれども、基本的なからだのつくりは胴が長く、どっしりとしていて、口は頭部の先端近くにある仲間が多い。第1背ビレ、第2背ビレの前には発達した棘があったとみられているほか、頭頂近くにもいくつかの小さな棘（突起）があったようだ。その化石は世界中からみつかっており、大きなものでは、2・5メートルほどにまで成長したとみられている。同じヒボダス類であっても、先行して出現したハミルトニ

62 ヒボダス
Hybodus
85ページで紹介したハミルトニクチスと同じグループに属しますが、圧倒的にこちらの方が大型です。
イラスト：服部雅人

クチスとヒボダスでは随分と大きさが異なる。なにしろ、ハミルトニクチスは手のひらサイズだったのだ。

2・5メートルというサイズは、本書でこれまでに紹介した軟骨魚類では最も大きく、次点のクラドセラケを50センチメートルほど上回る。直近で紹介した古生物の中では、最古の魚竜類のウタツサウルスを同じく50センチメートルほど上回り、最古のクビナガリュウ類であるラエティコサウルスとほぼ同等か、少し大きいくらいである。

ヒボダスのヒレは、高速で海中を巡航するタイプのそれではない。例えば、尾ビレ一つに注目しても、現生の外洋性のサメ類や、マグロなどの条鰭類のような力強い三日月型ではなく、骨の下に〝頼りなく〟あるのみだ。それは外洋に生息する獲物を広範囲に泳ぎまわって追跡することには向いていなかったとみられている。

一方で、口の奥の歯は、その上面が丸い臼歯状で、硬いものを噛み砕くことに適していた。こうした点から、ヒボダスはハミルトニクチスと同じく海底付近で暮らし、そして甲殻類などを食べていたとみられている。

こうした生態は、今のところ、魚竜類やクビナガリュウ類には確認されておらず、〝新興勢力〟として勢力をのばしていた魚竜類やクビナガリュウ類たちと上手に棲み分けができていたのかもしれない。

ヒボダス類の繁栄はジュラ紀をピークとし、白亜紀の半ば（約1億年前）まで続いた。最後に出現したヒボダス類は、ブラジルの地層から化石が確認されている「トリボーダス（*Tribodus*）」で、全身像は不明ながらも、長さ12・5センチメートルにおよぶ背ビレ前の棘と、その棘とほぼ同等の長さのある頭部が確認されている63。トリボーダ

63 トリボーダス
Tribodus
“最後のヒボダス類”とされます。全身像は不明ですが、ここではヒボダスなどを参考に復元しました。
イラスト：服部雅人

スは、ほかのヒボダス類とくらべると顔つきが独特で、顎が下向きについているほか、歯がすべて臼歯のような形をしているという特徴があった。

頭足類で腹を満たす

ジュラ紀に栄えた魚竜類とヒボダス類は、共通の獲物を〝食料〟にしていた。

ベレムナイト類という頭足類の絶滅グループである。

歴史を振り返れば、頭足類は古生代オルドビス紀において、圧倒的な存在感を放っていた。第1章で紹介した全長6メートルオーバーのカメロケラスがそれである。その後も、頭足類は進化を重ね、さまざまなグループを生み出した。そうしたグループの中の一つで、とくに高い知名度をもつアンモナイト類も、ジュラ紀の時点ですでに現れている。

ベレムナイト類は三畳紀末期に出現したグループで、ジュラ紀から白亜紀にかけて世界中の海で栄えた64。その見た目は、現生のイカ類とよく似ている。先端にヒレのある外套膜をもち、少なくとも一部の種は10本の腕をもっていた。

イカ類とそっくりな姿をもつベレムナイト類だけれども、イカそのものというわけではない。現生のイカ類の腕には吸盤が並ぶ。しかし、少なくとも一部のベレムナイト類の腕には鋭い鉤爪が並んでいたことがわかっている。

イカ類との最大のちがいは内部構造にある。

64 65 ベレムナイト類

魚竜類やヒボダス類などの“餌”だった頭足類です。見た目は、現在のイカ類と似ていますが、吸盤をもたないなどのちがいがあります。下はドイツ産の化石（標本長14.5cm）。こうした殻が体内にありました。

イラスト：月本佳代美
写真：安友康博／オフィス ジオパレオント

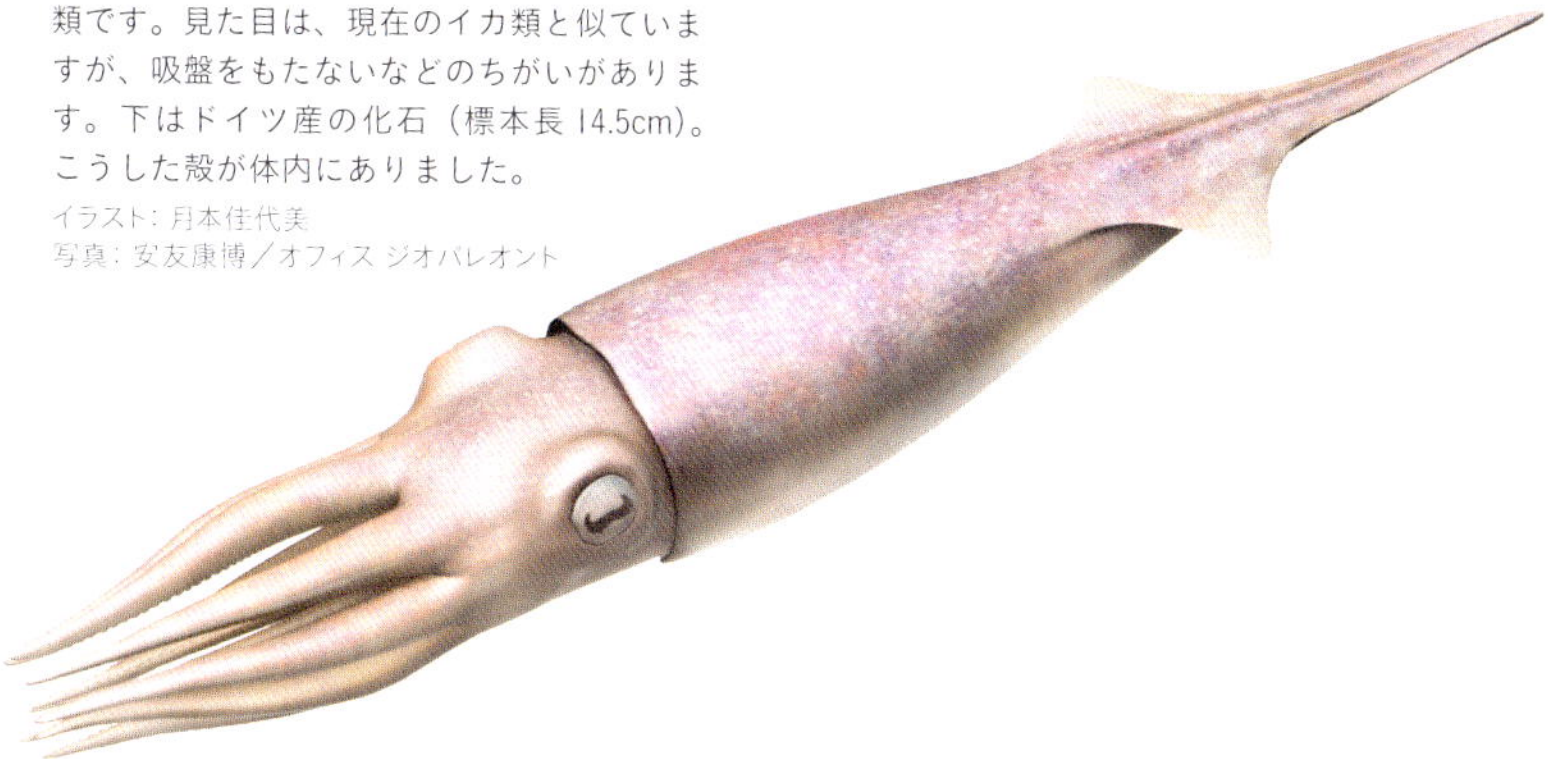

イカ類の場合、コウイカ類というグループには体内に板状の“骨”がある。この骨は、「イカの甲」とも呼ばれる。硬度はさして高くない。また、コウイカ類以外のイカ類には、こうしたつくりは確認されていない。

一方のベレムナイト類は、体内に円錐形の殻をもっており、この殻は化石としてよく残る65。この円錐形の殻は、小型種では直径数ミリメートルほど、中型種で1センチメートルほど、数センチメートルとなれば超大型種となる。超大型種は、数メートルの全長だったのではないか、と指摘される

（ただし、殻の直径と全長の関係はまだ未知の部分も多い）。

ベレムナイト類は、生態系の〝中間層〟だった。鋭い鉤爪が物語るように、おそらく自分より小型の動物たちを狩っていたことだろう。

ヒボダス類、魚竜類の化石の腹部に、そんなベレムナイト類の殻がいっぱいに詰まったものが発見されている。こうしたヒボダス類や魚竜類は、ベレムナイト類を捕食し（捕食しまくり）、そして、その硬い殻を胃にためこんだまま化石になったものとみられている（こうしたヒボダス類や魚竜類の死因に、腹部にびっしりと詰まった、つまり、〝食べ過ぎた〟ベレムナイト類が関係していたのかどうかは不明である）。

〝真のサメ類〟現る

ヒボダス類が全盛期を迎えようとしていたジュラ紀前期。ヒボダス類の近縁グループとして、新たな軟骨魚類のグループが登場していた。

新生板鰓類。つまり、現在のサメやエイを含むグループだ。いよいよもってして、〝私たちのよく知るサメ〟の登場である。

新生板鰓類の初期の種は、ドイツから化石がみつかっている「パレオスピナックス（*Palaeospinax*）」に代表される㊻。全長40〜50センチメートル。この値は現在の魚の仲間の中ではマアジ（*Trachurus japonicus*）に近く、パレオスピナックスの姿そのものはカグラザメ（*Hexanchus griseus*）に近い。カグ

66 パレオスピナックス
Palaeospinax
現生のカグラザメに近い姿をもつ、最初期の新生板鰓類です。いよいよ、現生サメ類を含むグループの歴史がはじまります。
イラスト：服部雅人

ラザメは比較的ゆっくりと泳ぎながらも、急加速による狩りを得意とするサメである。

新生板鰓類には、それまでの軟骨魚類にはない特徴がいくつもあった。その一つが、石灰化した脊椎だ。新生板鰓類は軟骨魚類の中の1グループであり、したがって、その骨は他の軟骨魚類と同じく軟骨でできている。しかし新生板鰓類の脊椎はしばしば石灰化し、軟骨より丈夫なものとなっていた。

古脊椎動物学の教科書的な1冊である『VERTEBRATE PALAEONTOLOGY』（著：マイケル・J・ベントン）の第4版（2015年刊行）では、石灰化した軟骨の他にも、新生板鰓類のもつさまざまな特徴が列挙されている。曰く、「顎関節の自由度が高いために、口を大きく開くことができた」「吻部が口よりも前方に向かって突出していた（つまり、口は下に向かって開く）」「それまでの軟骨魚類よりもすばやく動くことができた」「口の開閉もすばやかった」といった具合である。

もっとも、ジュラ紀初頭に登場した新生板鰓類ではあったが、その後はしばらく雌伏の時を過ごすことになる。魚竜類やクビナガリュウ類、ヒボダス類が栄華を極めるなかで、とくに目立った〝動き〟はみせなかったのだ。

67 クレトキシリナ
Cretoxyrhina
白亜紀後期の海洋において「最強にして最恐」と呼ばれる新生板鰓類です。およそ1億年前から新生板鰓類の台頭が目立ちました。
イラスト：月本佳代美

変化がおきたのは、今から約1億年前。白亜紀の半ばだ。ヒボダス類が衰退し、新生板鰓類が急速な多様化をみせるのである。

多様化のきっかけが何であったのかは定かではないが、タイミングとしては、魚竜類の衰退・絶滅の時期に近い。いずれにしろ、このときから新生板鰓類は海洋生態系の最上位へと躍り出る。

最強の狩人たち

白亜紀後期を代表する5種類の新生板鰓類を紹介しよう。

当時の〝絶対的な王者〟とみられているのは、全長5～6メートル、最大で9・8メートルもの巨体をもっていたとされる「クレトキシリナ（*Cretoxyrhina*）」だ[67]。「最強にして最恐」の誉れ高いサメである。全長5～6メートルというサイズは、現生のホホジロサメとほぼ同じサイズ。本書でこれまでに登場した動物たちと比べると、板皮類のダンクルオステウスや、魚竜類のタラットアルコンには及ばないものの、初期の軟骨魚類であるクラドセラケのほぼ3倍にあたり、クビナガリュウ類のプリオサウルスやフタバサウルスに近いサイズである。

クレトキシリナはその姿もまた、全体としてホホジロザメとよく似ている。大きな頭部と鋭い歯は、獲物の肉をひと噛みで〝裁断〟し、三日月に似た形の尾ビレは高速遊泳を可能にしていた。その

68 クレトダス
Cretodus
全長値を含めた多くの情報が未知です。しかし、クレトキシリナを超える大型種だった可能性も指摘されています。
イラスト：服部雅人

化石はアメリカをはじめとして世界各地でみつかっており、その繁栄の一端を知ることができる。

　大型の条鰭類をはじめとして、さまざまな海棲爬虫類の化石にクレトキシリナのものとみられる歯型が残っている。通常、化石に残る歯型は、その動物が生きているうちに襲われた痕跡なのか、それとも死んだのちに死骸を荒らされた痕跡なのかが議論となる。クレトキシリナの場合、獲物に残されたクレトキシリナの歯型が、治癒していたケースがある。治癒したということは、その獲物はクレトキシリナの襲撃から逃げられたということ、そして、このことはクレトキシリナが「生きた獲物」を狩っていた証拠となる。他にも、クレトキシリナの歯型は獲物となった動物の下顎に多いことから、クレトキシリナが的確に獲物の弱点を狙っていたという指摘もある。トッププレデターにふさわしい生態といえよう。

　クレトキシリナと同等か、あるいはそれ以上の大きさだったとされるサメ類が、「クレトダス（*Cretodus*）」だ68。その化石は日本を含む世界各地からみつかっている。全長値が推測できるほどの化石は未発見ではあるものの、その歯のサイズはクレトキシリナよりも大きい。しかも厚みがある。クレトダスに関してはまださほど情報がないけれども、「最強」の座をクレトキシリナと争っていた可能性は十分にある。

一方、「スクアリコラックス（*Squalicorax*）」は、生きた獲物よりも死骸を狙うことで、クレトキシリナと棲み分けを行っていたのではないか、とされる新生板鰓類だ69。その化石もまた、世界各地からみつかっている。

スクアリコラックスのサイズは、クレトキシリナよりも一回り小さい。大きな特徴は白亜紀の新生板鰓類としては珍しく、歯の縁に鋸歯があるという点である。「鋸歯」とは、ノコギリの刃のような細かな凹凸で、「ステーキナイフのギザギザ」をイメージしてもらうとわかりやすいかもしれない。鋸歯があることによって、獲物の肉

69 **スクアリコラックス**
Squalicorax
クレトキシリナよりも一回り小さいながらも大型の新生板鰓類。死骸をねらいクレトキシリナとは棲み分けをしていたとされます。
イラスト：服部雅人

はかなり切りやすくなる。

クレトキシリナの歯型が残った獲物の化石には、スクアリコラックスの歯型が残るものもある。このときの獲物がどのような順序で襲われていたのかは不明だけれども、クレトキシリナがまず食い荒らし、その後の残りものをスクアリコラックスが食べていたのではないか、と指摘されている。

クレトキシリナ、クレトダス、スクアリコラックスはいずれも「ネズミザメ類」と呼ばれるグループの構成員だ。これは、現生のホホジロザメと同じグループであることを意味している。

一方、同じ新生板鰓類でありながら、こうしたネズミザメ類のサメたちとは一線を画し、その上でやはり世界中で繁栄していたものもいた。それが、「プチコダス（*Ptychodus*）」である❼⓿。

プチコダスは最近の研究では新生板鰓類に分類されるもの

❼⓿ プチコダス
Ptychodus
口の中にご注目ください。独特の歯がびっしりと並んでいます。海底の二枚貝などを嚙み砕いていたとみられています。
イラスト：服部雅人

の、かつてはヒボダス類に分類されていた軟骨魚類で、その姿もクレトキシリナたちよりは、ヒボダスに似ていたとする見方が強い。歯には鋭さはなく、こんもりとした数センチメートルレベルの小さな山がある。この歯の形だけでも、かなりの〝異端児〟ではあるが、しかもその歯は、顎の縁だけではなく、口蓋と口底の前半部にびっしりと敷き詰められていた。その様は、どことなく、トウモロコシを彷彿させる。

プチコダスはこの歯と顎を効率的に用いることで、海底に棲む二枚貝などを捕らえ、貝殻を潰して食べていたとみられている。ただし、プチコダスの腹部とみられるあたりからは（破砕された）二枚貝の殻化石はみつかっておらず、プチコダスは貝殻の内容物だけを食べて、殻は吐き出していたのではないか、とも指摘されている。

プチコダスは複数種が確認されている。その中でも、2010年にアメリカ、デポール大学の島田賢舟が報告した「プチコダス・モルトニ（*Ptychodus mortoni*）」の標本から見積もられた大きさは、顎だけでも1メートル近く、全長は少なくとも10メートルに達したとされる。現在のザトウクジラ（*Megaptera novaeangliae*）に近いサイズだ。

もう一種類、2015年に学名がついたばかりの新生板鰓類を紹介しておきたい。「シュードメガカスマ（*Pseudomegachasma*）」である71。「シュード（*Pseudo*）」は「偽物」、「メガカスマ（*megachasma*）」は「メガマウスザメ」を指すため、「偽メガマウスザメ」という意味の学名となる。

そもそもメガマウスザメ（*Megachasma*）とは、現生種ながらも「幻のサメ」と呼ばれるほどに希少

71 シュードメガカスマ
Pseudomegachasma
「偽のメガマウスザメ」という名前をもつ新生板鰓類。濾過食性とされ、その生態をもつ新生板鰓類としては最古ともされています。
イラスト：服部雅人

なサメである。「メガマウス」の名にふさわしい大きな口を吻部の先端にそなえており、全長は5・5メートルほどとされている。ホホジロザメと同じくネズミザメ類の構成員ではあるが、その食性は大型の獲物を狙うわけではなく、口を大きく広げて水を吸い込み、その水に含まれているオキアミなどのプランクトンを食べる「濾過食性」だ。ちなみに、現在の海で「濾過食性のサメ」といえば、メガマウスザメの他に、世界最大のサメにして世界最大の魚でもあるジンベエザメ（*Rhincodon typus*）と世界第2位の大きさの魚であるウバザメ（*Cetorhinus maximus*）がいる。

シュードメガカスマの化石は、もともと島田賢舟たちによって2007年にメガマウスザメの化石種と報告されたものの、のちの研究によって島田たち自身がその分類や名前を変更したという経緯がある。当初、メガマウスザメとされていたために「シュード（偽物）」という言葉が足されたというわけだ。

シュードメガカスマと名付けられた２０１５年の研究では、シュードメガカスマはメガマウスザメの仲間ではなく、オオワニザメ（*Odontaspis ferox*）などが属するオオワニザメ類であるとされた。生息していた時代は白亜紀の半ば、つまり新生板鰓類が隆盛をはじめた時期にあたる。みつかっている化石は歯のみであるため、全長値は不明だ。

２０１５年の研究によって、シュードメガカスマとメガマウスザメとの直接的な関係は否定されたけれども、濾過食者であるメガマウスザメとよく似ていた歯であるということから、島田たちはシュードメガカスマも濾過食者であったと指摘している。この解釈が正しければ、シュードメガカスマは、濾過食を行う新生板鰓類では〝最古の存在〟となる。白亜紀の新生板鰓類の多様性を物語る一つの側面といえるだろう。

〝第三の海棲爬虫類〟

「中生代の三大海棲爬虫類」という言葉を先ほど紹介した。その構成員として、三畳紀初頭に出現した「魚竜類」、三畳紀末に現れた「クビナガリュウ類」をすでに取り上げた。

そして、ちょうど新生板鰓類の多様化がはじまった白亜紀半ばに、最後のグループがあらわれた。

「モササウルス類」である。

イラスト：月本佳代美

72 ハアシアサウルス
Haasiasaurus
最初期のモササウルス類。四肢の先はヒレではなく、指があり、尾ビレも未発達だったとみられています。
イラスト：服部雅人

モササウルス類は、一言で言えば「四肢と尾がヒレとなったオオトカゲ」という姿の持ち主だ。現生のオオトカゲ類、あるいはヘビ類に近縁とされている。白亜紀末に絶滅し、現在その子孫は残っていない。

モササウルス類の場合、〝鼻の孔をつくる骨〟がオオトカゲ類やヘビ類のものとよく似ており、一方で、こうした陸棲の爬虫類とくらべて下顎の可動範囲が広かった、という特徴がある。

これまでに知られている限り、最も古いモササウルス類は、イスラエルにある約1億年前の地層から化石がみつかっている「ハアシアサウルス（*Haasiasaurus*）」である72。全身がそろった化石はみつかっていないものの、明らかに肉食性とわかる鋭い歯とがっしりとした顎をはじめとしたさまざまな部位が報告されている。

そうした化石から推測されるからだは横に扁平で、四肢の先には指があり、尾はまっすぐだった。「海棲爬虫類のモササウルス類」とはいっても、その姿は陸上のオオトカゲ類に近いものだったのである。顎の長さは20センチメートル弱のものだから、全長としては2～3メートルくらいだろ

うか。現在の魚の仲間でいえば、クロマグロ（*Thunnus orientalis*）と同じくらいの大きさで、白亜紀当時の海ではけっして大型種というわけではない。

そして、初期のモササウルス類は、ハアシアサウルスほどではないにしろ、こうした数メートル級のものが多かった。

たとえば、アメリカやスウェーデンなどの約8500万年前〜約8000万年前の地層から化石が報告されている「クリダステス（*Clidastes*）」である73。最初期のハアシアサウルスとくらべると、からだはその断面が円形に近くなり、四肢はヒレとなり、尾の先にも尾ビレが発達しはじめていた。「海棲爬虫類のモササウルス類」としての特徴が、このころすでに確認できる。

アメリカ、カンザス州から発見された化石を中心に白亜紀当時の海洋生物についてまとめられた『OCEANS OF KANSAS』（マイケル・J・エ

73 **クリダステス**
Clidastes
初期のモササウルス類で、からだは小型。上はきしわだ自然資料館所蔵・展示の全身復元骨格です。骨格でみると指が見えますが、下の復元イラストのようにすでに四肢はヒレになっていたとみられています。
写真：安友康博／オフィス ジオパレオント
イラスト：服部雅人

ヴァーハート著）の第2版（２０１７年刊行）によると、クリダステスは大きなものでも全長は5メートルに及ばず、多くは3メートルほどとされる。

「5メートル」という数字だけを見ると現在のホホジロザメの大きさに近く、「十分恐ろしい」と思われるかもしれない。しかし仮に5メートルの個体であっても、頭骨は50センチメートル前後の小さなものだ。『OCEANS OF KANSAS』では、こうした小型種はクレトキシリナのような巨大ザメの獲物になっていたと指摘している。

こうした初期のモササウルス類を代表する種類が、アメリカなどから化石がみつかっている「プラテカルプス（*Platecarpus*）」である㉔。全長は6〜7メートルほどとハアシアサウルスや平均的なクリダステスの倍近い大きさで、この値だけをみれば、クレトキシリナと同等だ。しかし、プラテカルプスもまたクレトキシリナに捕食されていた可能性が『OCEANS OF KANSAS』で指摘されている。

プラテカルプスはモササウルス類の復元に関して、大きな役割を果たした種類でもある。

本項の冒頭で、筆者はモササウルス類のことを「一言で言えば『四

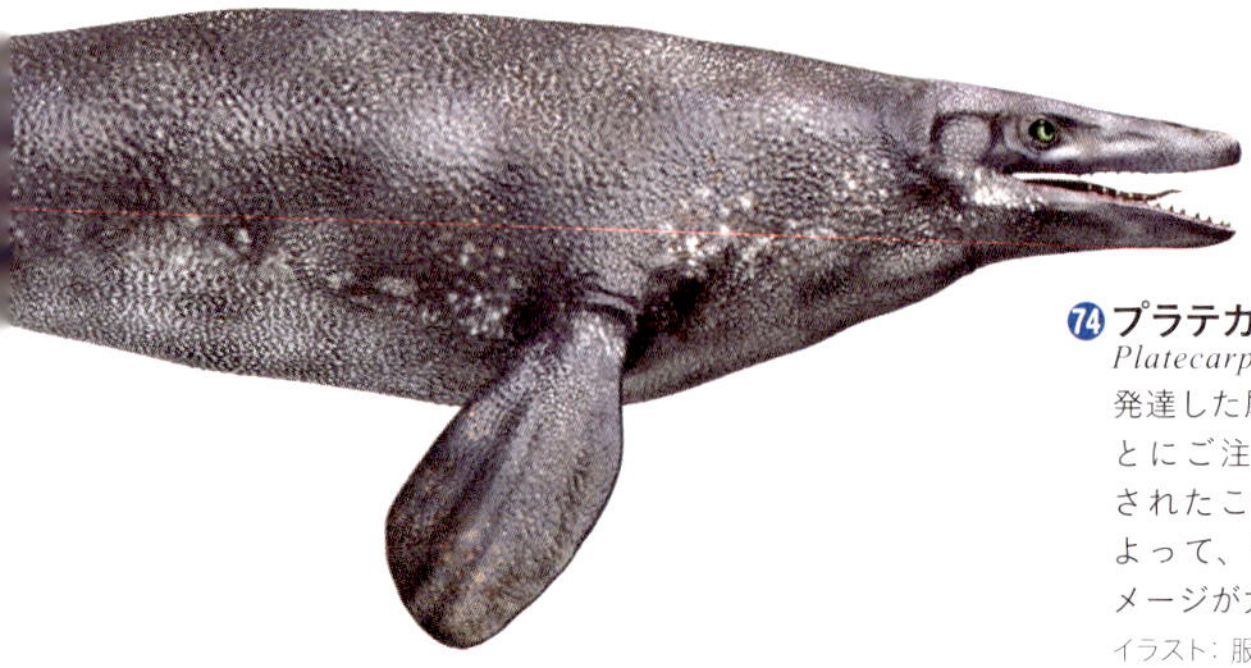

㉔プラテカルプス
Platecarpus
発達した尾ビレをもっていることにご注目を。2010年に発表されたこの種に関する論文によって、モササウルス類のイメージが大きく変わりました。
イラスト：服部雅人

肢と尾がヒレとなったオオトカゲ』という姿の持ち主だ」と形容した。

実は、2000年代まで、モササウルス類を表す言葉の中に「尾がヒレとなった」という文言はなかった。単純に「海のオオトカゲ」と形容していたのである。「海の」という言葉で、四肢がヒレ化していることを示唆しているものの、「オオトカゲ」という言葉は、尾がトカゲ様であることを意味していた。すなわち、長い尾は先にいくほど細くなり、その先に尾ビレはなく、尾全体を左右にくねらせながら悠然と泳ぐといった姿が復元の主流だったのである。この姿の復元は、場所や書籍によっては、今日でもまだ残っている。

しかし、スウェーデン、ルンド大学のヨハン・リンドグレンと本書監修者の一人であるアメリカ、シンシナティ大学の小西卓哉たちが2010年にプラテカルプスのある全身骨格を報告したことで、この復元が大きく変化した。

「LACM128319」と標本番号のついたその化石は、尾の先端がゆるやかに下に向かって曲がっていた。多くの場合において、こうした「曲がり」は、死後の筋肉の収縮や化石となる過程、ある

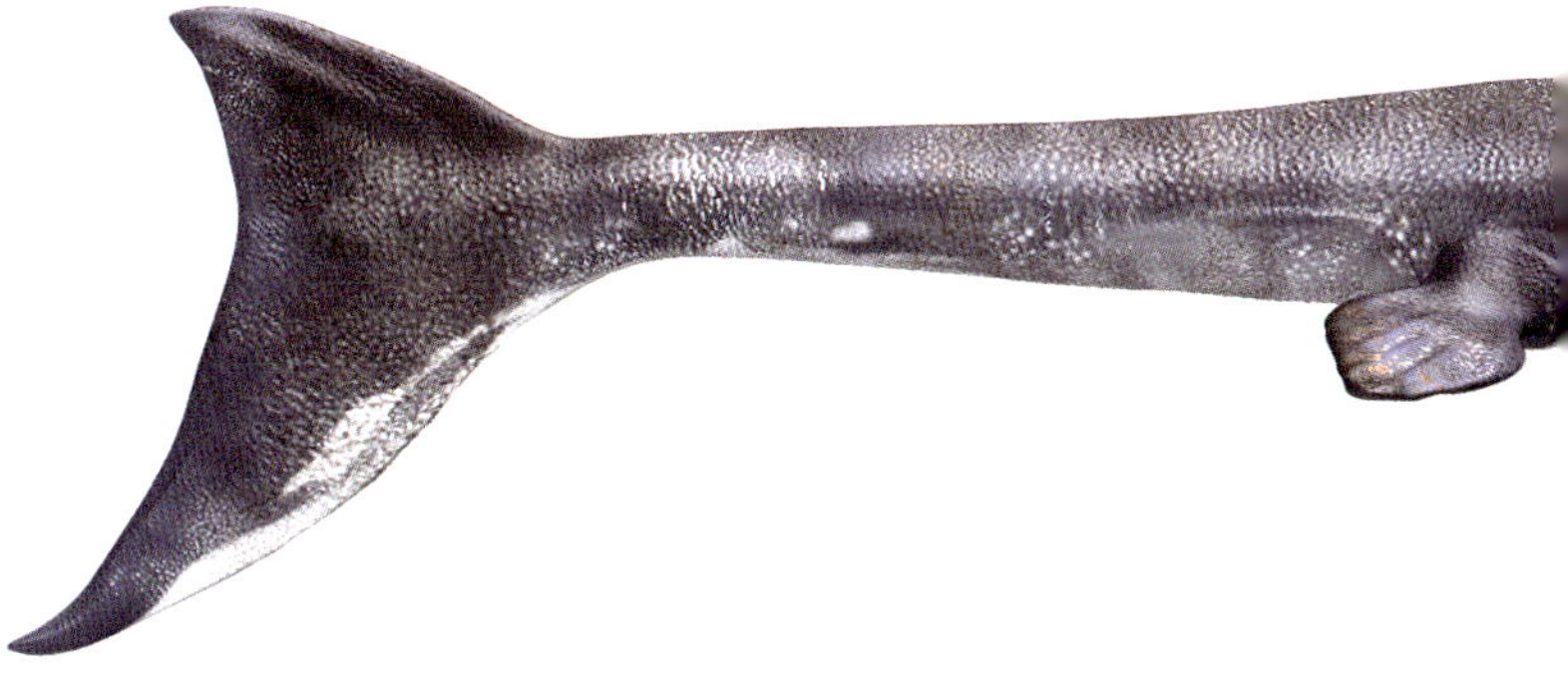

いは化石となったのちに変形したものとして解釈される。

しかしリンドグレンと小西たちは、LACM128319を詳細に分析し、「下方への曲がり」がオリジナルのもの、つまり生きていたときのまま本来の形を表していることを明らかにした。そして、この曲がり方が、現生のサメ類などのそれにみられるものとよく似ている（ただし、サメ類の尾の先の軟骨は下方ではなく上方へ曲がる）ことから、「下方への曲がり」の上にサメ類のものとよく似た尾ビレがあったことを指摘したのである。

2010年の段階では、尾ビレの存在は「下方への曲がり」という骨の特徴からの類推であったが、2013年にはモササウルス類の別種の化石に尾ビレの痕跡がリンドグレンたちによって確認された。これによって、モササウルス類が尾ビレをもっていたことが裏付けられたのである。

また、それに先立つ2012年に、小西たちはLACM128319をさらに詳しく分析し、その肋骨の特徴が、近縁だけれども尾ビレのないオオトカゲ類よりも、系統的には離れているものの、流線型のからだと尾ビレをもつ現生のクジラ類に似ていることを明らかにした。このことも「尾ビレ」の存在を示唆していた。

尾ビレの有無は、単純に「姿が変わった」ということにとどまらない。この〝復元のパラダイムシフト〟が起きるまでは「悠然と」泳ぐとみられていたモササウルス類が、尾ビレを使って「効率的に」「高速で」「長距離を」泳ぐことができた可能性を意味しているのだ。じっさいに2013年の研究において、リンドグレンたちはモササウルス類が、遠洋性のサメ類と同等の高い遊泳能力があったと指摘している。

もう一つの、最強にして最恐

白亜紀後期、クレトキシリナをはじめとする新生板鰓類の繁栄と競うかのように、モササウルス類も数を増やし、そして大型化していった。

例えば、アメリカやヨーロッパ、中東地域などから化石がみつかっているプログナソドン（*Prognathodon*）は、大きなものでは全長10メートルに達したという75。クリダステスの2〜3倍、プラテカルプスとくらべても1・5倍前後の大きさだ。頭骨だけでも長さ1メートル前後に達し、がっしりとした顎、がっしりとした歯をもっていた。2011年に小西たちが報告した研究によると、プログナソドンのある個体の胃があった部分には、大小の魚、ウミガメ、頭足類（おそらくアンモナイト）の破砕された化石があったという。

より大きな種類も出現している。アメリカで化石がみ

75 プログナソドン
Prognathodon
大型のモササウルス類です。"獲物をバリバリ食べる系"で、ウミガメでさえも、噛み砕き、食べていたとみられています。
イラスト：服部雅人

76 ティロサウルス
Tylosaurus
大型のモササウルス類を代表する存在です。全長は大きいものでは15メートルを超えたのではないか、ともされています。
イラスト：服部雅人

つかっているティロサウルス（*Tylosaurus*）の全長は11メートルを超したとされ、『OCEANS OF KANSAS』によると、15メートル以上の種もいたという76。新生板鰓類のクレトキシリナの大型個体と比べても1・5倍の大きさであり、ここまでいけば、現生のザトウクジラ（*Megaptera novaeangliae*）並みである。ティロサウルスにおいては、クビナガリュウ類や海鳥、また、小型のモササウルス類すら捕食した痕跡が確認されている。

一方で、『OCEANS OF KANSAS』によると、ティロサウルスの化石には、その頭部にクレトキシリナによるものとみられる「噛み跡」が複数確認できる個体があるという。これは数度にわたって攻撃を受けた証拠とみられているが、その噛み跡には治癒の痕跡がなかった。「治癒の痕跡がない」ということは、その「攻撃」がきっかけでそのティロサウルスが死んだのか、それともティロサウルスの遺骸をクレトキシリナが漁ったときに噛み跡がついたのかはわからないことを意味している。ただ一つわかることは、すでに紹介したクリダステスやプラテカルプスだけではなく、ティロサウルスもまた、クレトキシリナの獲物となっていたということだ。

もっとも、同書では具体的な種名こそ言及されていないものの、サメ類の攻撃を受け、その治癒の痕跡があるモササウルス類の化石（つまり、サメ類の攻撃を受けたものの、生き延びたモササウルス類がいた）にも言及されており、ティロサウルスに限らず、いくつかのモササウルス類が、クレトキシリナをはじめとするサメ類と過酷な“直接対決”を繰り広げていた可能性は十分に考えられる。

さて、モササウルスが遂げたのは大型化だけではない。小西は筆者の取材に対して、モササウルス類内のいくつものグループで、「尾」「胴体」「眼」「頭骨」において、水中における機動力と捕食者としての能力が向上する変化がみられることを指摘している。

尾は、進化するにつれて、その先端の下方への曲がり方が弓のようになっていったという。これは、尾ビレを１回振るだけで、より大きな推進力を得られるようになっていったことを意味している。

胴体は、その断面がより円形へと近づいていったという。流線型化が進み、より水の抵抗が少なくなり、高速遊泳が可能になっていったということだ。

眼に関しては、これは「眼」といっても正しくは「松果眼」である。

77 プリオプラテカルプス
Plioplatecarpus
進化型のモササウルス類の一つです。発達した松果眼をもっており、明暗の変化に敏感だったとみられています。
イラスト：服部雅人

松果眼は、主に光感知用の器官で、「第三の眼」とも呼ばれる。現生のトカゲ類などでは、頭頂部付近に存在し、角膜、水晶体、網膜までそろう。人間においてはここまでではないにしろ、「松果体」として、体内時計に関わる役割を果たしている。

モササウルス類にも松果眼があり、原始的な種類ではトカゲ類などと同じように頭頂部に位置していた。しかし、進化するにつれてその位置が前方に移動するとともに、大型化していったというのである。これは、モササウルス類の中でも、プラテカルプスに近縁でのちの時代に現れたプリオプラテカルプス（*Plioplatecarpus*）などにとくにみられるとされる77。

発達した松果眼は、それだけ明暗に敏感になる。小西は、松果眼が発達した種は、自分と海面の間を泳ぐ獲物がつくる「一瞬の明暗の変化も見逃さなかっただろう」と指摘する。

頭骨については、頭骨を構成する各骨の関節度合いが次第に強くなり、頭骨自体が全体としてより頑丈になっていったという。高速で泳ぐ際には、頭骨は水の抵抗を真っ先に、そして最も強く受けることになる。ここが頑丈であることにこしたことはない。もちろん、獲物を捕食する際に関しては言わずもがなである。

かくしてモササウルス類も「最強にして最恐」として知られる存在となった。

大きい、速い、だけじゃない

狩人として大型化と水中機動力の向上を果たし、新生板鰓類と並ぶ水中の覇者となったモササウルス類。しかし、モササウルス類の真骨頂は、単純に「大きくなった」「速くなった」というだけではないことにある。

南太平洋の珍しいモササウルス類が日本にも!?

タニファサウルス・ミカサエンシス
Taniwhasaurus mikasaensis

1976年に北海道三笠市で発見された「エゾミカサリュウ」の標本は当初、恐竜の頭骨とされたが、のちにモササウルス類と判明。2008年にカナダのマイケル・カウルドウェルや小西らにより、南太平洋で繁栄していたタニファサウルスの仲間の新種として「タニファサウルス・ミカサエンシス」と名付けられました。南太平洋のグループの仲間が北西太平洋にも生存していた稀有な例です。この地域では珍しいティロサウルス類の近縁にあたります。

イラスト：服部雅人
写真：三笠市立博物館

約7500万年前にあらわれた「モササウルス・ミズーリエンシス（*Mosasaurus missouriensis*）」という種がいた78。大きな個体では頭骨の長さが1メートルを超え、ほっそりと長い顎には鋭い歯が並ぶ。その頭骨から推測される全長は8メートル以上。プラテカルプスより一回りは大きいという大型種だ。モササウルス・ミズーリエンシスの胃の中からは、バラバラになった大型の魚の化石がみつかっている。

さて、同じ地層からは、同じく大型種であるプログナソドンの化石も発見されている。つまり、全長差のあまりない2種の大型種が、同じ時代の同じ海域に共存していたわけだ。

なぜ、彼らは共存し得たのだろうか？ それは、「食性」が大きく関係していたとみられている。プログナソドンはウミガメやアンモナイトなどの大型の獲物を襲い、モササウルス・ミズーリエンシスは大型ではあっても骨のやわらかい魚を主食としていたと考えられて

78 モササウルス・ミズーリエンシス
Mosasaurus missouriensis
「モササウルス」の名前をもつ仲間（モササウルス属）の一種です。比較的やわらかい獲物を捕食していたとされています。
イラスト：服部雅人

79 フォスフォロサウルス・ポンペテレガンス
Phosphorosaurus ponpetelegans
モササウルス類としては珍しく「両眼視」ができたとされる小型種です。夜行性だったと考えられています。
イラスト：服部雅人

いる。つまり、２種のサイズの似通った捕食者が同じ空間で「食い分け」をして生きていた。同じ生態系で異なる〝立ち位置〟の狩人として活動していたのだ。モササウルス類の多様化を物語る例といえるだろう。

その意味では、２０１５年に小西たちが報告した「フォスフォロサウルス・ポンペテレガンス（*Phosphorosaurus ponpetelegans*）」もモササウルス類の生態面での多様性を代表する種の一つだ79。

フォスフォロサウルス・ポンペテレガンスは、北海道むかわ町穂別で化石がみつかっている。クリダステスのような小型種で、推定される全長は３メートルに及ばない。

「ＨＭＧ－１５２８」という標本番号が与えられたその化石は、「モササウルス類の化石資料としては世界屈指」といわれるほどの良質な標本で、頭骨の約８割が変形せずに残っていた。

この頭骨の化石が詳細に分析された結果、後頭部の幅が広く、また吻部が低いという特徴などがあることが明らかになった。こうした特徴は、フォスフォロサウルス・ポンペテレガンスが「両眼視」ができたことを意味しているという。モササウルス類において、両

⑧⓪ **パンノニアサウルス**
Pannoniasaurus
ヒレではなく指をもつ淡水棲のモササウルス類です。どことなくハアシアサウルス（122ページ）を彷彿させます。
イラスト：服部雅人

眼視が確認された例は他にない。

動物界全般を見渡せば、両眼視は立体視、つまり獲物までの距離を測定するのに便利であり、優れた狩人の特徴にあげられることが多い。しかし、フォスフォロサウルス・ポンペテレガンスは、近縁種のデータから遊泳があまり得意ではなかったとみられている。

泳ぎが苦手な狩人は、両眼視をいかに〝活用〟していたのか？

小西たちは、モササウルス類の近縁グループである現生のヘビ類において、両眼視の発達した種が夜行性であることに注目し（両眼視には、光の受容体が多いという特徴もあるという）、フォスフォロサウルス・ポンペテレガンスも夜に活動していたと指摘している。

夜行性であるという特徴もまた、昼行性の大型種たちとの棲み分けをしていたことを示唆するものだ。

モササウルス類の多様性の話をもう少し続けよう。

ハンガリーに分布する白亜紀後期の地層から化石がみつかっている「パンノニアサウルス（*Pannoniasaurus*）」も最大で全長6メートル、ほとんどの個体は3〜4メートルとみられる小型のモササウルス類だ⑧⓪。

パンノニアサウルスの場合、その化石がみつかった地層がまず注目さ

れた。これまでに紹介したモササウルス類の化石はすべからく海の地層からみつかっていたが、パンノニアサウルスの場合は、河川に関係する地層から化石がみつかったのだ。

つまり、パンノニアサウルスは淡水種だったのである。

しかも、何かの間違いで河川に迷い込んだわけでもなければ、現在のサケ（*Oncorhynchus keta*）のように、成長過程の特定段階で河川にやってくるような〝主生活は海で、河川における生活は一時的〟というわけでもない。パンノニアサウルスの化石は、幼体から成体までさまざまな世代の化石が同じ地層でみつかっているのだ。パンノニアサウルスが、まさに河川で生涯を送っていたことの証拠である。

パンノニアサウルスの姿については、吻部の先端は四角く、また尾ビレは発達していなかったとみられており、そして何よりも他のモササウルス類ほどに脚が〝ヒレ化〟していなかった。そのため、おそらく短時間であれば、トカゲのように地上を歩くことができたという指摘もある。川の浅瀬をワニのように歩いていたかもしれない。

姿が面白いといえば、アフリカのナイジェリアに分布する白亜紀後期の地層から化石がみつかっている「ゴロニオサウルス（*Goronyosaurus*）」

だ。頭骨の大きさが70センチメートルほどの、小型種である81。

ゴロニオサウルスは、その頭部がずいぶん細くスマートだ。吻部が細く長く、それでいて、そこには大きな歯が一定の間隔を空けて並んでいた。歯と歯の間に隙間があることで、上下の歯が確実に噛み合わさるようになっていたのである。また、吻部が細いということは、その分、水の抵抗が少なく、水中で動かしやすいことを示唆している。その一方で、がっしりとした顎と大きな歯は、ゴロニオサウルスが大型の獲物も攻撃できたことを物語る。ゴロニオサウルス自体は海棲種だけれども、現在のワニ類のように浅瀬にひそみ、水を飲みにやって来た獲物を狙う生態だったのかもしれない。

アメリカ、シリア、モロッコなどの白亜紀後期の地層から化石がみつかっている「グロビデンス（*Globidens*）」も忘れてはいけないだろう82。このモサ

81 ゴロニオサウルス
Goronyosaurus
他のモササウルス類とくらべて、細長い吻部を特徴とします。細長いとはいえ、華奢ではなく、ワニのような生態だったのではないか、とされています。
イラスト：服部雅人

82 83 グロビデンス
Globidens
先端がまるで松茸の笠のような形状をした、独特の歯をもつモササウルス類です。この歯は"粉砕用"だったとみられています。下は、高さ10cmほどの化石で、歯と顎の一部を確認できます。まさしく「松茸」っぽい？
イラスト：服部雅人
写真：オフィス ジオパレオント

サウルス類は、歯に特徴があった。

他の種とは異なり、グロビデンスの歯には鋭さがまるでない。歯の先端が松茸の笠のようにつぶれており、球状になっていたのである83。これでは、獲物に歯を突き刺すことも、その肉を切り裂くこともできない。

この歯の用途は何なのか？

実は、グロビデンスの「胃の内容物」というものが報告されている。それは、大小の二枚貝類の殻で、細かく粉砕されていたものだった。

この球状の歯を用いてグロビデンスは二枚貝類の殻を壊し、その中身を食べていたのである。貝食性という生態にもモササウルス類が進出した例といえる。

最初に発見され、最後に滅んだ"強者"

そもそもモササウルス類の最初の化石は、18世紀後半にオランダ南部の都市、マーストリヒト近郊の鉱山で発見された。1766年に第1標本、1770年から1774年の発掘で第2標本がみつかっている。このうち、第2標本がよく知られている。それは、標本長1・6メートルにもおよぶ、巨大な顎の化石だった。がっしりとした歯が並んだその顎は、明らかに〝支配者級〟の肉食動物のそれだ。当時、「モササウルス類」というグループは（当然ながら）創設（認識）されておらず、人々はその化石を「マーストリヒトの大怪獣」と呼んでいた。

発掘したのは、ホフマンという名前の外科医だ。しかしその後、この標本の所有者は移り変わっていく。

まず、地主だったゴダンという司教が所有権を主張した。その結果、裁判を経て、ホフマンからゴダンへと標本の所有者が変わる。

このころ、ヨーロッパは政治的な激変期を迎えていた。1789年、フランスで革命が勃発し、ナポレオンに率いられたフランス軍が、ヨーロッパ各地へ侵攻していたのである。そして1795年、マーストリヒトにもフランス軍がやってきた。マーストリヒトは、この侵攻に対

して降伏を選択した。

すでに「マーストリヒトの大怪獣」の存在は国内外に知られていたため、フランス軍はマーストリヒトが降伏したのちに、「マーストリヒトの大怪獣」を略奪し、フランスの首都パリへと持ち帰った。そしてこの標本は、今でもパリ自然史博物館に所蔵されている。

当時、パリの研究者は「マーストリヒトの大怪獣」を歓迎し、研究に勤しんだ。そして1829年、「モササウルス・ホフマニイ（*Mosasaurus hoffmannii*）」の学名を与えるに至る。これが、モササウルス類の「最初に報告された種」となった84。

モササウルス・ホフマニイは、何しろ頭骨だけで1・6メートルという大型種だ。すでに紹介したティロサウルスと同等以上の大型種といえる。その全長は15メートル程度とされている。

さて、モササウルス類たちが生きていた白亜紀という時代は、さらに12の時代に細分され、その最後の時代に

84 モササウルス・ホフマニイ
Mosasaurus hoffmannii
その化石は、「マーストリヒトの大怪獣」と呼ばれました。最大級のモササウルス類であり、“最後のモササウルス類”でもあります。
イラスト：月本佳代美

は「マーストリヒチアン」という名前がついている。

勘の良い読者は気づかれたかもしれない。

マーストリヒチアンは、モササウルス・ホフマニイの発見地である地域にちなんだ名前だ。つまり、この地には白亜紀末期の地層が分布しており、そんな地層から発見されたモササウルス・ホフマニイもまた白亜紀末期のモササウルス類ということになる。そして、モササウルス・ホフマニイは、他の地域でも白亜紀末期の地層から化石がみつかる。現在のところ、最初に報告されたこの種こそが、最後まで生き残っていたモササウルス類となっているのだ。

ハアシアサウルスが登場し、モササウルス類の歴史が始まったのが約１億年前。

モササウルス・ホフマニイをもって、その歴史が終わったのは約６６００万年前。

その間、３０００万年と少し。

これは「中生代の三大海棲爬虫類」の中では最も〝短命〟である。しかし、その短い時間の間に、さまざまな種が生まれ、ティロサウルスやモササウルス・ホフマニイのような大型の覇者も現れた。

なんとまあ、濃い時間だったのだろうか。

最も有名な大量絶滅事件

生命史においては、大小の絶滅事件は幾度も発生している。このうちのとくに絶滅率の高い五つは「ビッグ・ファイブ」と呼ばれ、前章の最後で紹介した「P／T境界大量絶滅事件」はその中でも最大のものとして知られている。

P／T境界大量絶滅事件ほどではないにしろ、中生代末にも大量絶滅事件が勃発した。この事件は、中生代最後の時代である「白亜紀」を表すドイツ語の「Kreide」と、中生代の次の「代」である新生代の最初の時代である「古第三紀」を表す英語の「Paleogene」にちなんで、「K／Pg境界大量絶滅事件」と呼ばれている。

ちなみに、なぜ、白亜紀を指すアルファベットが、英語の「Cretaceous」の「C」ではないのかといえば、「C」で始まる地質時代名は他にいくつもあるからだ。同様に「P」で始まる時代名も他に存在し、故に「Pg」が採用されている。

K／Pg境界大量絶滅事件は、「恐竜類を滅ぼした絶滅事件」として名高い。

約6600万年前、直径10キロメートルにおよぶ小惑星がユカタン半島に衝突した。その衝突のエネルギーは、広島型原爆の10億倍に達したといわれている。衝突地周辺は瞬時に燃え上がって消滅し、衝突によって吹き飛ばされた地殻表層は、粉塵となって大気中に滞留、長期間にわたって日光を遮ることになった。これによって「衝突の冬」と呼ばれる寒冷期が到来し、植物が枯れ、植物を食べていた植物食動物が滅び、そして彼らを食べていた肉食動物が滅んでいった……。

小惑星衝突に始まるこのシナリオは、さまざまなメディアで紹介されているため、「聞いたことがある」「読んだことがある」という読者も多いだろう。実際、生命史にとってのK／Pg境界大量絶滅事件は、日本史にとっての「忠臣蔵」のようなもので、結末がよく知られていても、触れないわけにはいかないというオトナノジジョウもある。

小惑星衝突説は、現在ではほぼ定説として扱われている。時折、K／Pg境界大量絶滅事件の原因としてこの説を否定するような研究が発表され、そのたびにメディアは注目しているが、そうした新説が小惑星衝突説を覆すほどの影響力をもった例はこれまでにない。小惑星衝突説は、膨大な証拠によって支えられている。言い換えれば、白亜紀末におきた事象の多くを説明することができる仮説だ。こうした事象の一つ二つは他の仮説でも説明できるものの、すべての事象を説明するためには、小惑星衝突説しかない。

いずれにしろ、このときに海洋生命も大打撃を受けた。2016年に、アメリカ、ハワイ大学のスティーヴン・M・スタンリーが発表した研究によると、全海洋生物種の66〜68パーセントが、K／Pg境界大量絶滅事件で姿を消したという。

三大海棲爬虫類の中で、魚竜類は新生板鰓類とモササウルス類の台頭が始まった白亜紀半ばにすでに滅んでいる。そして、クビナガリュウ類やモササウルス類はK／Pg境界大量絶滅事件で姿を消すことになった。こうした絶滅事件では、生態系の頂点に近いほど滅びやすい傾向が知られており、とくにモササウルス類が姿を消したということは、この傾向と一致する。

一方で、モササウルス類と生態系の頂点を争っていた新生板鰓類は、K／Pg境界大量絶滅事件を乗り越えた。結果からいえば、〝最強の海棲爬虫類〟のモササウルス類をもってしても、海洋生態系の頂点の座を新生板鰓類から完全に奪い取るまでにはいかなかったのである。

第4章

新勢力は〝海の王〟となるか
「クジラ」vs.「メガロドン」

哺乳類が水中へ進撃

6600万年前のK/Pg境界大量絶滅事件を境として、新生代の最初の時代である古第三紀が始まった。

中生代の海で繁栄していた〝三大海棲爬虫類〟は完全に姿を消した。ウミガメやウミヘビといった一部の爬虫類は海洋世界に残っていたけれども、生態系の支配層をめぐって争うほどのものではなかった。

中生代が〝爬虫類の時代〟であったように、新生代は〝哺乳類の時代〟である。かつて三大海棲爬虫類の祖先が陸から海へと進出したように、今度は哺乳類の海洋進出が始まる。

6600万年前から現在までの間に、アザラシやアシカ、セイウチなどの鰭脚類や、ジュゴンやマナティなどの海牛類、ラッコ類といったさまざまな哺乳類が海へ進出してきた。こうした水棲哺乳類グループの中で、本書では最大グループであるクジラ類に焦点を当てていこう。

現在のクジラ類は、全90種を擁する一大グループである。この90種は、マッコウクジラ（*Physeter macrocephalus*）やマイルカ（*Delphinus delphis*）、シャチ（*Orcinus orca*）などを含むハクジラ類が76種を占め、ザトウクジラに代表されるヒゲクジラ類14種が確認されている。クジラ類の生息域は世界の海に全般的に広がっており、アマゾンカワイルカ（*Inia geoffrensis*）のような淡水種も存在する。また、全長30メートルを超える海洋生命史上最大種のシロナガスクジラ（*Balaenoptera musculus*）もいれば、全長1・

4メートルのネズミイルカ（*Phocoena phocoena*）もいる。じつに多様性に溢れたグループだ。

クジラ類の歴史は、K／Pg境界大量絶滅事件から約2000万年後に始まる。このとき、現在のインド北西部とパキスタン北東部の国境付近にマメジカに似た小さな陸上哺乳類がいた。

その名を「インドヒウス（*Indohyus*）」という。

インドヒウスの頭胴長は40センチメートルほどである。参考までに現代の小型犬、シェットランド・シープドッグの頭胴長が60センチメートルほどだ。ただし、インドヒウスの場合は、その頭胴長と同じくらいの長さの細い尾があった85。

インドヒウスは、厳密にいえばクジラ類ではない。「クジラ類に最も近い陸上哺乳類」という立ち位置で、化石の化学分析からは半陸水の生活をしていたとみられている。2007年にノースイースト・オハイオ医科大学のJ・G・M・テーウィスンたちが発表した論文では、日常的には陸上で暮らし、危険を感じた時に水中へ逃げていたのではない

85 **インドヒウス**
Indohyus
鯨偶蹄類の一つで、「クジラ類に最も近い陸上哺乳類」です。つまり、インドヒウス自体はクジラ類ではなく、その“最近縁種”となります。
イラスト：服部雅人

か、と指摘されている。

そして、インドヒウスとほぼ同じ時代、ほぼ同じ地域に、インドヒウスの近縁種として〝最古のクジラ類〟が出現している。

こちらの名は「パキケトゥス（*Pakicetus*）」だ。

パキケトゥスは頭胴長一メートルほどで、現代日本で盲導犬として活躍するラブラドール・レトリバーとほぼ同サイズである。街中でラブラドール・レトリバーをみかけたときは、「あ、最古のクジラはあのサイズだったのか」とぜひ、思い起こしてみていただきたい。

パキケトゥスの見た目は、どことなくオオカミを彷彿させる86。ただし、オオカミとの決定的なちがいもある。まず、外見上は眼の位置だ。パキケトゥスの眼は、ずいぶんと高い位置にあるのだ。これは、どちらかといえば、ワニのそれに近い。すなわち、水に顔の大部分を沈めていても、水中から水面を窺うことができる。

また、外見からはわからないけれども、その耳が〝水中仕様〟になっていた。私たち陸上哺乳類は、水中に入ると、その音がどこから聞こえてきているのかがわかりづらい。それは、耳のつくりが空気中の音をとらえることに特化しているからだ。パキケトゥスの場合は、空気

86 **パキケトゥス**
Pakicetus
知られている限り、「最も古いクジラ類」です。こう見えても（？）耳のつくりは、現生のクジラたちと同じでした。
イラスト：服部雅人

87 アンブロケトゥス
Ambulocetus
ムカシクジラ類の一つです。半陸半水棲とも、水棲ともいわれ、その生態については議論がわかれています。「毛の生えたワニ」と形容されます。
イラスト：服部雅人

中よりも水中の音を聞くことが得意だった。このパキケトゥスもまた、半陸半水の生活をおくっていたとみられている。

水中へ。もっと水中へ

パキケトゥスたちの出現から100万年ほどのち、パキケトゥスから〝一歩進んだクジラ類〟が現れた。

頭胴長約2・7メートル、全長約3・5メートルのからだをもつこの哺乳類の名前を「アンブロケトゥス（*Ambulocetus*）」という87。

マメジカに似た姿でどちらかといえば華奢な印象のあったインドヒウスや、オオカミ然として鋭い印象のパキケトゥスとちがい、アンブロケトゥスはがっしりとした印象を与え、しばしばその姿は「毛の生えたワニ」と形容される。長い吻部、眼の位置、短い四肢、長い尾といった特徴は、まさにワニに近い。もっとも、「3・5メートル」という値は、現生のアメリカ・アリゲーター（*Alligator mississippiensis*）などと比較するといささか小さいかもしれない。

アンブロケトゥスもまた、半陸半水の生態をもっていたと考えられている。

アンブロケトゥスは、クジラ類の海洋進出を考える上で、とくに重要な種として位置づけられている。

インドヒウスやパキケトゥスは、「半陸半水」とはいっても、その「水」の部分は淡水環境をさしていた。すなわち、湖や川などが彼らの生息域だった。

一方のアンブロケトゥスは、もっと海に近い場所に暮らしていたようだ。

アンブロケトゥスの化石がみつかる場所の近くからは、陸上哺乳類（つまり、淡水環境に近い場所で暮らす動物）の化石と、海棲の巻貝の化石がみつかっている。一方、アンブロケトゥスの歯が調べられたところ、その歯をつくる元素は淡水に由来するものだった。

こうした各データは、アンブロケトゥスが海棲種とも淡水種ともいえる生態だったことを示唆している。

この認識に一石を投じる研究が、２０１６年に名古屋大学大学院の安藤瑚奈美と名古屋大学博物館の藤原慎一によって報告されている。安藤と藤原は、アンブロケトゥスの「肋骨の強度」に視点を当てている。

簡単に言えば、陸上を歩く四足動物の体重の〝前半分〟は、肋骨と筋肉でつながる前脚によって支えられる。そのため、陸上歩行をする四足動物の肋骨の一部は、体重を支えられるように丈夫になっている。一方、その動物が水中生活をおくっているのであれば、浮力もあるため、それほど丈夫な肋骨は必要ない。

そして安藤と藤原の研究では、アンブロケトゥスの肋骨はさほど丈夫ではなく、水中向きであることが指摘された。すなわち、アンブロケトゥスは「半陸半水」ではなく、「完全な水棲」だったのではないか、ということだ。しばし、議論の展開を見守る必要があるだろう。

さて、「半陸半水のクジラ類」といえば、インド北西部から化石がみつかっている「カッチケトゥス（*Kutchicetus*）」も紹介しておこう。

カッチケトゥスは頭胴長1メートル、尾の長さも1メートルというクジラ類だ。はっきりとした四肢をもってはいるものの、手足の化石はみつかっていない88。

カッチケトゥスの最大の特徴は、頭部にある。後頭部がやたらと高いのだ。しかも眼はその稜の近くにあった。パキケトゥスやアンブロケトゥス以上に、カッチケトゥスは自分のからだを水面下に隠し、水上のようすを窺うことができたのである。

そして〝王〟があらわれた

アンブロケトゥスの登場から100万年ほどのち、あるいはインドヒウスやパキケトゥスの登場からみて1200万年ほどのちになる

88 カッチケトゥス
Kutchicetus
ムカシクジラ類の一つです。細長く伸びた吻部、高い後頭部、高い位置の眼などを特徴とします。ムカシクジラ類の多様性を物語る種です。
イラスト：服部雅人

89 バシロサウルス
Basilosaurus
「王のトカゲ」を意味する名前をもつムカシクジラ類です。その全長は20mに達したとみられています。小さな後ろ脚がポイント。
イラスト：月本佳代美

と、さらに水中に適応したクジラ類が現れた。そのクジラ類は、それまでのクジラ類とは異なり、まず後脚が小さく縮小し、前脚は完全にヒレとなっていた。この四肢では、地上を歩くことはできず、もはや完全な水中生活をおくっていたことは明らかだ。

全長約20メートルの巨体をもつそのクジラ類の名前を「バシロサウルス（*Basilosaurus*）」という。

全長20メートル！

本書で紹介してきた古生物の中で最長だ。ここまでは、全長15メートル（と言われる）のモササウルス・ホフマニイが最大種だった。バシロサウルスは、そのモササウルス・ホフマニイをさらに5メートルも上回るのである。現生のナガスクジラ（*Balaenoptera physalus*）とほぼ同等の巨体だ89。

もっとも、バシロサウルスの姿は、ナガスクジラのような現生種とは大きく異なる。

まず、頭が小さい。バシロサウルスの頭部が全長に占める割合は10分の1以下だ。ナガスクジラの場合は約4分の1ほ

ど。現生のクジラ類でとくに大きな頭部をもつマッコウクジラ（全長18メートル）では、全長の約3分の1が頭部である。こうした現生の大型クジラ類と比較すると、バシロサウルスの頭部がいかに小さく、カラダが長いのかがよくわかる。

外見上はわかりづらいけれども、骨でみるとさらなる違いもある。現生のクジラ類は首の骨＝頸椎が癒合しているか、あるいは変形しているため、その関節で首を動かすことができない。これに対して、バシロサウルスの頸椎は個々にきちんと独立していた。つまり、バシロサウルスは首を動かすことができたのだ。

なお、現生のクジラ類にない小さな後脚は、単なる飾りではなかった。指先までしっかりと筋肉がついており、おそらく交尾の際に役立ったのではないかとみられている。

がっしりとした口には大きく分けて2種類の歯が並ぶ。口の前半部には、先端が口の奥を向いた円錐形の鋭い歯が並び、口の後半部には多数の突起を上端に並べた山型の歯が並んでいた。胃の内容物と思われる化石も分析されており、サメやタラを食べていたのではないか、とみられている。
「*Basilosaurus*」という名前は、「王のトカゲ」という意味である。その名にふさわしいトッププレデターだったとみられている。なお、哺乳類なのに「トカゲ」を意味する「*saurus*」が名前に使われているのは、1834年にこの動物が初めて報告されたときに、哺乳類ではなく爬虫類であるとみなされていたことに由来する。

サメやタラの他に、バシロサウルスは同じクジラ類も襲っていた、という指摘もある。そんな獲物として名指しされているのが「ドルドン（*Dorudon*）」だ。

ドルドンは、一見して現生のイルカ類とよく似た姿の持ち主で、全長も4・5〜5・5メートルとオキゴンドウ（*Pseudorca crassidens*）並みである90。それでも、バシロサウルスと同じように小さな後脚をもっており、この特徴でこのクジラ類が絶滅種であるとわかる。

エジプトに分布する古第三紀の地層からは、バシロサウルスとドルドンの化石がともに産出している。その中には、頭部に

90 ドルドン
Dorudon
ムカシクジラ類の一つです。現生のイルカ類に近い姿をしていますが、後脚はありませんし、イルカ類のようなエコロケーション（154ページ参照）もできません。
イラスト：服部雅人

致命的な歯型が残されているドルドンの幼体の標本があった。２０１２年にドイツ、フンボルト博物館のユリア・M・ファルクはコンピューター上でその歯型を検証し、バシロサウルスのものであると特定している。これも当時のバシロサウルスの生態を物語る、一つの例といえるだろう。

最古の〝現代型クジラ〟

パキケトゥスからドルドンまでのクジラ類は、とくに「ムカシクジラ類」と呼ばれる。これは、「Archaeoceti」に対する訳語で、「原鯨類」「古鯨類」「原始クジラ類」などとも呼ばれ、定着した日本語はない。

いずれにしろ、バシロサウルスの仲間、ドルドンの仲間の出現を最後にしてムカシクジラ類は姿を消している。新生代は「古第三紀」「新第三紀」「第四紀」の三つの「紀」に分割され、古第三紀はさらに「暁新世」「始新世」「漸新世」という三つの「世」に分かれている。パキケトゥスからドルドンまでのムカシクジラ類はすべて始新世に栄えたもので、約３３９０万年前に始新世が終わり、漸新世が始まったときには彼らは姿を消していたとみられている。姿を消した理由はよくわかっていない。

そして、遅くても３２００万年前（漸新世初期）には〝最古の現代型クジラ類〟として、ハクジラ類の「サイモケタス（*Simocetus*）」が現れた。

サイモケタスは長さ約45センチメートルの頭骨が報告されており、そこから推測される全長は２〜３メートルほどと、現在のマイルカに近いサイズだ。サイモケタスの場合、その特徴として、吻部先

91 サイモケタス
Simocetus
最初期のハクジラ類の一つです。骨の形状からメロンの存在が確定できないため、エコロケーションができたかどうかは意見がわかれます。
イラスト：服部雅人

端が少し下がっていたことが挙げられる。２００２年にその化石を報告した、ニュージーランド、オタゴ大学のR・イワン・フォーダイスは、この先端の下がった吻部で海底に生息する無脊椎動物を食べていたのだろうと推測している91。

さて、そもそもハクジラ類とはどのようなグループなのだろうか？

このグループは、「ハ」クジラ類という名前が示すように、歯をもつものが多い（例外的にもたないものもいる）。そして、大きな特徴は頭骨の形状に表れている。肉と皮膚のついた姿からは想像しにくいけれども、骨で見ると鼻孔を含む頭骨の前面が吻部よりも著しく後退しているのだ。こうしてできた吻部の上の空間には、「メロン」と呼ばれる器官が内包されている。

このメロンは、もちろん果物の王様的なアレではない。ハクジラ類のメロンは音響器官の一種である。ハクジラ類のメロンは鼻でつくった音を集中させ、前方に向けて照射する役割を担う。この音は、一般にレーダーとして利用され、ハクジラ類が周辺状況を把握することに役立っている。この能力を「エコロケーション」という。

最古のハクジラ類であるサイモケタスにメロンがあったのかどうかは定かではない。〝頭骨の額〟の後退が中途半端なのだ。ただし、2002年のフォーダイスの報告では、エコロケーションが行われていた可能性（つまり、メロンがあった可能性）が指摘されている。

エコロケーションを行っていた、すなわちメロンをもっていたことが確実視されるハクジラ類で最も古い種類は、アメリカのサウスカロライナ州に分布する約2800万年前（サイモケタスのいた時期から400万年後）の地層から化石がみつかった「コティロカラ（*Cotylocara*）」だ92。その頭骨は薄く長くのび、〝頭骨の額〟は十分に後ろに下がっていたのだ。2014年にこのハクジラ類を報告したアメリカ、ニューヨーク工科大のジョナサン・H・ガイスラーたちは、こうした特徴から、コティロカラがメロンをもっていた可能性が高い、としている。

さらにガイスラーたちの研究によると、サイモケタスよりも400万年ほど新しい種ではあるけれども、コティロカラはサ

92 コティロカラ
Cotylocara
最初期のハクジラ類の一つです。エコロケーションをしていたとみられています。サイモケタスより原始的なからだのつくりをしているとされています。
イラスト：服部雅人

イモケタスよりも、その骨の特徴から原始的な種であるという。こうしたことは、古生物学ではよくあることで、化石記録の不完全性（全ての生物の死体が化石に残り、発見されるわけではない）によるものだ。

原始的なコティロカラがメロンをもち、エコロケーションを行っていたということから、コティロカラよりも進化的なほとんどのハクジラ類が同様のことができた可能性が高くなったのである。すなわち、サイモケタスがエコロケーションできた可能性も高いのだ。

〝歯のある〟ヒゲクジラ

現生クジラ類の2大グループのうち、先行して出現し、多様化したのはハクジラ類だった。もう一つの大グループであるヒゲクジラ類は、ハクジラ類より少し遅れて出現した。ただし、ハクジラ類から進化したわけではなく、おそらくムカシクジラ類から進化したものとみられている。

ヒゲクジラ類は、文字通り「ヒゲ」をもつクジラたちだ。歯をもたず、口蓋から「ヒゲ板」と呼ばれる構造をぶら下げる。おもにケラチン（タンパク質の一種。髪の毛の主成分でもある）でできたヒゲ板は、目の細かい櫛のようなつくりになっており、これで小魚やプランクトンを濾し取って食べる。

そんな生態をもつヒゲクジラ類は、一足飛びに生まれたものではない。ムカシクジラ類とヒゲクジラ類のちょうど中間に位置するような、そんな姿をもつクジラ類の化石がいくつもみつかっているのだ。

彼らは俗に「歯のあるヒゲクジラ」と呼ばれる。

歯のあるヒゲクジラの代表ともいえるのは、日本と北アメリカに分布する漸新世後期（サイモケタスの登場から数百万年後）の地層から化石が発見されている「エティオケタス（*Aetiocetus*）」の仲間だ。1995年にアメリカ、ロサンゼルス自然史博物館のローレンス・G・バーンズや、足寄動物化石博物館の澤村寛たちがその複数種を報告している。基本的には、ムカシクジラ類に近い風貌の頭部をもつものたちで、ハクジラ類のようにメロンのスペースはなく、頭骨の上面のつくりはほぼ平らとなっている。

アメリカ、オレゴン州から化石がみつかったエティオケタス・ウェルトニ（*Aetiocetus weltoni*）は、全長2・5〜3メートルほどの「歯のあるヒゲクジラ」である。その俗称の通り、口には鋭い歯が並んでいた。その一方で、2008年にアメリカ、サンディエゴ自然史博物館のトーマス・A・デメレとサンディエゴ州立大学のアンナリサ・ベルタが発表した研究によると、ヒゲ板ももっていたという。ヒゲ板そのものは化石として残っていなかったものの、ヒゲ板に栄養供給する血管を通す孔が、頭骨に確認できたからだ。その意味で、エティオケタス・ウェルトニは「ヒゲもある歯のあるヒゲクジラ」となる。

なんだか言葉遊びのような呼び方だけれども、実は「ヒゲのない歯のあるヒゲクジラ」もいたとされる。

同じ「エティオケタス」の名前をもつクジラであっても、北海道足寄町から化石がみつかった全長

3・8メートルの「エティオケタス・ポリデンタトゥス（*Aetiocetus polydentatus*：和名 アショロカズハヒゲクジラ）」には、エティオケタス・ウェルトニに確認されたようなヒゲ板を維持するためのつくりが確認されていない㉓。そのため、標本を保管する足寄動物化石博物館の新村龍也や澤村たちは、ヒゲ板のない姿を2011年に復元している。つまり、「ヒゲのない歯のあるヒゲクジラ」である。

実際のところ、「歯のあるヒゲクジラ」たちは、ヒゲクジラ誕生の鍵の一つを握るとして注目されている。彼らのすべてがヒゲをもっていたのか、あるいは一部種しかもっていなかったのか。いったいどのような生態だったのか。なかなかアツい分類群といえる。

そもそもヒゲクジラは、なぜ誕生したのか？

大きく口を開け、種によっては自分の体重の1・5倍もの水を吸い込み、そしてヒゲ板で獲物を濾しとって食べる。「濾過食性」と

㉓ エティオケタス・ポリデンタトゥス
Aetiocetus polydentatus
ヒゲクジラ類ですが、ヒゲはなく歯をもっていました。左ページはその全身復元骨格（足寄動物化石博物館所蔵・展示）。なお、エティオケタスの名前をもつ種はいくつかあり、ヒゲも歯もどちらももつものもいました。
イラスト：服部雅人
写真：オフィス ジオパレオント

いうこの生態は、なにもヒゲクジラ類が最初に獲得したものではない。

もうご記憶ではないかもしれないが、第1章で古生代オルドビス紀のエーギロカシスというアノマロカリス類を紹介した。全長2メートルほどのこの節足動物は、櫛状構造のある触手をもっており、これを使って濾過食をしていたと考えられている。

また、前章では白亜紀の新生板鰓類としてシュードメガカスマを紹介した。当初、メガカスマと間違って報告されたというこのサメは、メガカスマと同じような濾過食性であり、その生態をもつ新生板鰓類としては最古の存在だったとみられている。

こうした〝先駆者〟たちが、なぜ、濾過食性という生態へ進化したのかは、よくわかっていない。議論をするには十分な量の情報がみつかっていないのだ。

一方で、ヒゲクジラ類の登場については、定説とも呼ばれる見方が存在する。

それは、大陸の離合集散と関係した話だ。

そもそも地球上の大陸は、プレートに乗って移動している。本書

94 “真性のヒゲクジラ”

エティオケタスのような「歯のあるヒゲクジラ」ではないヒゲクジラです。イラストのようなエオミスティス科に代表されます。

イラスト：服部雅人

は海をテーマとした本であるため、これまで地質時代の大陸配置についてほとんど触れてこなかった。しかしたとえば、約2億5200万年前にP／T境界大量絶滅事件が勃発した時には、地球上の大陸は一ヶ所に集合してつながっており、超大陸パンゲアをつくっていた。

超大陸パンゲアは、中生代三畳紀のうちに分裂をはじめた。中生代と新生代は、大陸の分裂の時代でもある。

さて、新生代古第三紀漸新世という時代、歯のあるヒゲクジラや、歯をもたずにヒゲをもつ“真性のヒゲクジラ”が現れた時代である94。このとき、それまで一つの陸地だった南極大陸とオーストラリア大陸が分裂し、それぞれ独立した一つの大陸となった。

クジラ類に影響を与えたのは、南極大陸の独立だ。

すでにこのとき、南極大陸は地球の南極点に位置しており、孤立したことで、南極大陸のまわりを一周する南極周回流が生まれた。日本付近を流れる黒潮などの海流と異なり、南極周回流はそのルート上に暖かい海域が存在しない。そのため、海流はどんどん冷たくなっていく。南極周回流周辺では海水も凍り始めた。海で氷ができるとき、海水に含まれる塩分は氷に取り込まれずに水中に残る。

こうして、南極大陸周辺では冷たくて塩分濃度の高い水塊がつくられた。冷たくて塩分濃度が高い水塊は重い。そのため、大規模な下降流が南極大陸周辺に生まれた。この下降流によって、今度は海底に堆積していた有機物が巻き上げられることになった。この有機物を餌として、プランクトンが大量発生することになる。

この大量発生したプランクトンこそが、ヒゲクジラ類の誕生に関係しているとみられている。濾過食者にとってまたとない環境ができあがった、というわけである。

ヒゲクジラ類は、その後、大型種をいくつも誕生させていく。とくに全長30メートルを超えるシロナガスクジラは、これまでに紹介してきたどの海洋生物よりも巨大だ。彼らは、生態系の中で「濾過食」という独自の地位を築くことで、巨大でありながらも、頂点には君臨しないという〝独自の立ち位置〟を確立することになった。

覇者の座を狙うハクジラ

海洋生態系の上位を争うという視点にたてば、ヒゲクジラ類は濾過食性を獲得したことで、ある意味では〝戦いの主戦場〟から外れたことになる。クジラ類で覇者の座を狙うのであれば、それは「肉食性」であるハクジラ類だろう。

ハクジラ類の話を続けよう。

〝最古のハクジラ類〟であるサイモケタス以降、ハクジラ類は着実にその種類を増やしていった。その中で特筆すべき3種類を、ここで紹介しておきたい。

サイモケタスの登場から500万年ほど経過した漸新世後期、世界各地の海に「スクアロドン（*Squalodon*）」が出現した95。

スクアロドンは全長2・5メートルほどのハクジラ類だ。サイモケタスと同等サイズ、現生のハクジラ類でいえば、マイルカと同じ

95 **スクアロドン**
Squalodon
ハクジラ類の絶滅種で、その代表的な存在です。独特の特徴をもつ歯をもっていました。ペンギン類を襲っていた可能性が指摘されています。
イラスト：服部雅人

くらいの大きさである。ただし、スクアロドンは個体によっては6メートルほどのものもいたらしい。一見したその姿は、現在のイルカの仲間に近く、この時点で小型のハクジラ類の姿がほぼ確立していたことがよくわかる。

特筆すべきは、その歯だ。奥歯の形は、横から見ると三角形で、縁には細かな凹凸が並んでいた。こうした形は、ハクジラ類というよりはムカシクジラ類によく見られるもので、スクアロドンに原始的な特徴が残っていたことが指摘されている。

福井県立恐竜博物館で2007年に開催された企画展「クジラが陸を歩いていた頃」の図録では、スクアロドンの歯がすり減っていたことが注目されている。このすり減りは、かなり硬い獲物を食べていたことを示唆するもので、同図録ではその獲物の一例としてペンギンをあげている（ペンギンは、新生代が始まってほどなく登場していた）。

また、かつてマッコウクジラと同等以上のサイズをもち、上顎にも歯をもつハクジラ類がいた。「リヴィアタン（*Livyatan*）」である[96]。マッコウクジラの近縁種だ。この名前は、伝説上の海の怪物として、ファンタジー小説やゲームなどで著名な伝説の怪物であるリヴァイアサンにちなんで命名されている。

なんと仰々しい。

しかし、このハクジラ類のリヴィアタンはその名にふさわしい存在だった。ペルーにある約1200万年前の地層から発見されたその頭骨の化石は、長さにして3メートル、幅にして1・9メー

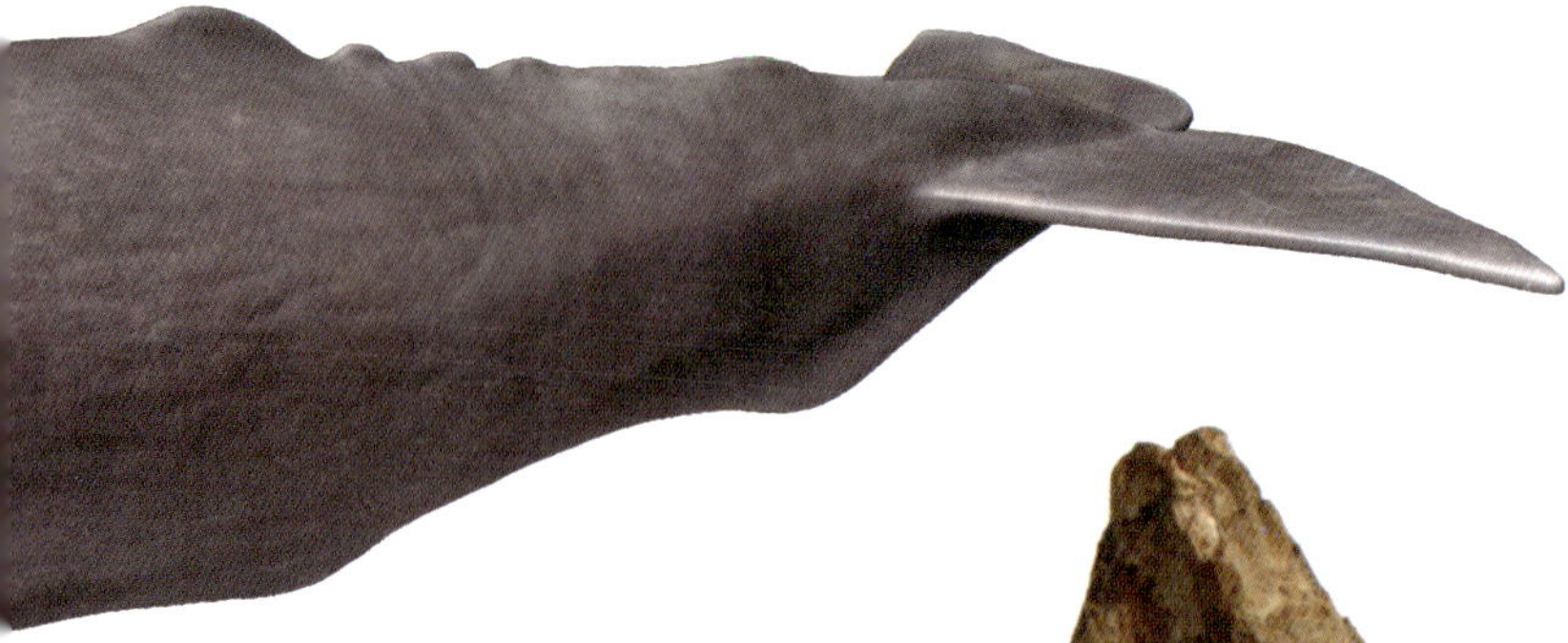

96 97 **リヴィアタン**
Livyatan
伝説の怪物の名を学名としてもちます。姿はマッコウクジラに似ていますが、上顎に歯があることが大きなちがいです。右は、高さ約35cmの歯の化石です。
イラスト：月本佳代美
写真：Giovanni Bianucci（Univ. Pisa）

トルもある巨大なものだった。この頭骨から推測される全長は最大で17・5メートルとされる。現生マッコウクジラに匹敵する大型種だ。

　そのサイズ以外の特徴の一つは、上顎にも歯が並んでいるということ。近縁である現生のマッコウクジラは上顎に歯をもたないので、リヴィアタンのこの特徴は特筆に値する。そして、その歯は実に36センチメートルにおよぶ大きさで、がっしりとしたものだった97。厚く頑

丈なつくりの顎とあわせ、この巨大なハクジラ類が獰猛な肉食性だったことがわかる。ヒゲクジラ類のような大型の海棲哺乳類も獲物だった可能性が指摘されている。

リヴィアタンが生きていたころとほぼ同時期、日本でも長野県や群馬県、茨城県などで「上顎に歯をもつマッコウクジラ」の化石がみつかっている。その名は「ブリグモフィセター（*Brygmophyseter*）」。「カミツキマッコウ」の名で親しまれているクジラだ。

カミツキマッコウの全長は5メートルほど。リヴィアタンほどではないにしろ、十分大型といえる[98]。群馬県立自然史博物館の木村敏之たちは、2013年にその実物大生態復元模型を制作しており、同年の企画展にあわせてその姿を披露している。その際に、頭骨の特徴が詳しく調べられ、カミツキマッコウはマッコウクジ

イラスト：月本佳代美

98 ブリグモフィセター
Brygmophyseter
「カミツキマッコウ」の名で知られるハクジラ類です。このイラストでは、群馬県立自然史博物館の展示を参考に着色しています。
イラスト：服部雅人

ラほどには頭がせりだしていなかったことが指摘されている。あわせて、マッコウクジラよりも俊敏だった可能性も指摘された。

大きなからだと圧倒的な迫力でせまるリヴィアタンと、俊敏に動きまわるカミツキマッコウ。こうしたハクジラ類の狩人たちが中新世の海にいたわけだ。

謎多きトッププレデター

さて、ここで話を前章の最後に戻そう。

今から6600万年前、K/Pg境界大量絶滅事件が発生し、当時生態系の頂点を争っていた〝二強〟のうち、モササウルス類は姿を消した。一方、古生代から連綿と続く軟骨魚類の一グループとして現れた新生板鰓類は、K/Pg境界大量絶滅事件を乗り越えた。

クジラ類が台頭し、リヴィアタンに代表されるトッププレデターが現れた海で、新生板鰓類はいったいどうしていたのか。

実は、もちろん、新生板鰓類も連綿と子孫を残し、多様化を進めてきた。そして、リヴィアタンの登場とほぼ同じタイミングで、超大型種が誕生している。

その名前を「メガロドン」という[99]。

世界各地の地層から化石がみつかっているネズミザメ類だ。

メガロドンは、その大きな歯化石が有名である[100]。大きなものでは高さが15センチメートルを超え、幅も厚みもある。これほどに大きな歯をもつサメ類は他にない。

そして、その歯にふさわしいおそろしき捕食者だったようだ。2008年にオーストラリア、ニューサウスウェールズ大学のS・ローたちが発表した研究によると、メガロドンの体重を47・69トンと仮定した場合、その歯が獲物を噛む力は前方の歯で5万5522ニュートン、後方の歯で10万8514ニュートンになるという。これまでに知られている限りのメガロドンの最大予想体重である103・197トンを採用した場合は、噛む力は前方の歯で9万3127ニュートン、後方の歯では実に18万2220ニュートンになると算出されている。同じ研究論文では、これまでに確認されているホホジロザメの最大体重は3・324トンとされ、その噛む力は後方の歯で1万8216ニュートンに達したとされた。

つまり、メガロドンが獲物を噛む力は、ホホジロザメの実に10倍に及んだことになる。

計算結果だけではない。実際のところ、当時のヒゲクジラ類や鰭脚類の化石には、メガロドンに襲われたものとみられる歯型が確認されている。間違いなく、当時の海で最も恐ろしい存在……リヴィアタンの対抗者だった。

99 100 メガロドン

絶滅した巨大ザメ。その化石は世界各地でみつかります。上は、アメリカ産の化石（高さ約 14cm)です。学名は、定まっていません(本文参照)。

イラスト：月本佳代美
写真：オフィス ジオパレオント

ただし、軟骨魚類の〝宿命〟で、歯以外の化石が残りにくいメガロドンは全身化石が発見されておらず、謎が多い。

最大の謎は、その大きさだ。「超大型種」であることには疑いはないけれども、いったいどれほどの大きさだったのかは、議論が割れているのだ。

たとえば、埼玉県深谷市を流れる荒川の河床からは、１９８６年にメガロドンの歯がまとめて73本発見された。これは同一個体のものとみられている。そして、同一個体のものとしては世界最多だ。この歯群にもとづいて算出されたメガロドンの全長値は12メートルほどである。

メガロドンの全長推定でやっかいなのは、化石でみつかる歯が口のどこについていたのかがわからないところにある。歯は口の中でついていた場所によって大きさが異なる。軟骨魚類

は、哺乳類のように場所によって明確に異なる形をしているわけではない。歯が1個だけしか発見されていないのであれば、それがその個体にとって〝大きな歯〟なのか、〝小さな歯〟なのかがわからない。大きい歯として考えるか、小さい歯として考えるか。それによって、推測される全長値も変わってくる。そのことを考えると、埼玉県の歯群には、口全体を再現し、そこから全長を推測できるという利点があった。

一方、他の視点の研究では全長15・9メートルという値も算出されている。また、資料によっては全長20メートルという値を採用しているものもあり、どうにも統一がない。ちなみに、15・9メートルという値は、先ほどの「10万8514ニュートン」という噛む力の値のもとになった体重「47・69トン」の算出に使われている数字だ。一応、複数データによるクロスチェックもなされている。

また、メガロドンをめぐっては、その分類についても議論がある。

実は、「メガロドン」という呼び名は事実上、通称にすぎない。これまで本書で紹介してきた他の動物たちと同じように「*Megalodon*」と書くと、これは絶滅した二枚貝の学名なのである。

ここで話しているサメ類のメガロドンは、「*megalodon*」と頭の「*m*」を小文字で表記する。

そもそも学名は、正式には大文字のアルファベットで始まる「属名」と、小文字のアルファベットで始まる「種小名」で構成されている。「メガロドン（*megalodon*）」は種小名なのだ。

属名と種小名の関係は、日本人にとっての姓と名のような関係にあたる。一般的には姓にあたる属名を書けば、その動物のイメージを特定できるため、本書では一部の例外をのぞいて属名を表記に用いてきた。

しかしメガロドンの場合、この属名が不確定なのである。

メガロドンの属名は、研究者によって主に次の三つが使われている。「カルカロドン（*Carcharodon*）」「カルカロクレス（*Carcharocles*）」「オトダス（*Otodus*）」である。このうち、カルカロクレスとオトダスは絶滅しているネズミザメ類に用いられる属名で、カルカロドンはホホジロザメと同じ属（つまり極めて近縁）であることを意味している。日本国内では、カルカロドンを採用してカルカロドン・メガロドンとすることが多く、世界的にはカルカロクレス・メガロドンを採用する場合が多い。一方、絶滅軟骨魚類の教科書的存在とされる『HANDBOOK OF PALEOICHTHYOLOGY. VOLUME 3E : Chondrichthyes』では、オトダスにさらに亜属名の「メガセラクス（*Megaselachus*）」を加え、オトダス・メガセラクス・メガロドンを採用している。

大型新生板鰓類の滅び

メガロドンは、大型新生板鰓類の代表的な存在だ。その生息していた年代は、約1590万年前から約260万年前と実に1300万年間以上におよぶ。

この期間の新生板鰓類がメガロドンだけだったというわけでは、もちろんない。

全長こそはっきりとした推測値はないし、全身復元もなされていないけれども、他にも大型の新生板鰓類がいくつもいたことがわかっている。たとえば、メガロドンの近縁種とされる「パロトダス

（*Parotodus*）」のものとして6センチメートルほどの歯化石が、現在のアオザメ（*Isurus oxyrinchus*）とホホジロザメの中間的な特徴をもつとされる「カルカロドン・ハスタリス（*Carcharodon hastalis*）」のものとして7センチメートルほどの歯化石が、それぞれ報告されている。メガロドンを紹介したのちなので感覚が麻痺しているかもしれないが、「6センチメートル」「7センチメートル」という数字は、歯の化石としてはかなりの大きさである。そして、いずれの化石も世界各地からみつかっており、彼らの繁栄のほどがわかる。

こうした大型新生板鰓類が生きていたのは、新生代が始まって二つ目の「紀」にあたる「新第三紀」だ。新第三紀は約2300万年前～約533万年前の中新世と、約533万年前～約258万年前の鮮新世の二つの「世」で構成されている。この二つの世をまたいで、大型の新生板鰓類が世界中の海にウヨウヨいたのである。さらにいえば、この時代には大型ハクジラ類であるリヴィアタンも、カミツキマッコウもいた。

大型の新生板鰓類と大型のハクジラ類が生態系の上位に君臨する。中新世と鮮新世の海は、そんな恐ろしくも楽しい海だったのだ。

しかし、鮮新世の終わりが近づくにつれて、大型新生板鰓類は姿を消していく。一種、また一種と絶滅し、メガロドンも約260万年前（鮮新世最末期）に姿を消した。ちなみにリヴィアタンに関しては、期間を議論するに足る量の化石はみつかっていない。

なぜ、大型の新生板鰓類は滅ぶことになったのだろうか？

気候変動か。それとも、ハクジラ類による〝攻勢〟の結果なのか。

実はこれがよくわかっていない。

スイス、チューリッヒ大学のカタリナ・ピエントたちは、メガロドンの化石の膨大なデータを整理することで、その絶滅原因にせまるという研究を2016年に発表している。分析の結果、メガロドンはその完全絶滅時期よりも150万年以上前に衰退を始めていたという。ピエントたちはこれほどの長期間にわたる衰退は気候変動では説明できず、獲物のひとつであった大型ヒゲクジラ類の減少や、ハクジラ類との競争、ホホジロザメの台頭といったことが原因ではないか、としている。

ただし、この研究はメガロドンだけを対象としたもので、パロトダスなどの他の大型新生板鰓類には言及されていない。この謎が解明されるまでには、まだ時間が必要だろう。

そして……

約258万年前、新第三紀が終わり、最後の地質時代である第四紀へと移った。第四紀は約1万1700年前を境にして、古い更新世と、新しい完新世に分かれている。

現代のハクジラ類を「トッププレデター」という面で代表するとすれば、それはやはりシャチだろう[101]。全長9メートルに達するというそのからだは、十分、ホホジロザメと生態系の上位を争うことができるものだ。ただし、シャチに関しては、どのように進化して誕生したのか。その情報はほとんどない。

一方、『HANDBOOK OF PALEOICHTHYOLOGY. VOLUME 3E： Chondrichthyes』によると、同じく現在のトッププレデターである、新生板鰓類・ホホジロザメの起源については、大きく二つの仮説があるという102。一つは、メガロドンこそがホホジロザメの祖先であるという見方で、もう一つはアオザメの仲間が祖先であるという見方である。同書は、歯の形状の類似性に注目すると「後者の説の可能性がとても高い」としている。

101 **シャチ**

現生のハクジラ類で、海洋生態系の上位に君臨しています。ただし、その進化については謎が多く、よくわかっていません。

イラスト：服部雅人

また、同書では、ホホジロザメは中新世には出現していたとするデータを紹介したうえで、「それらはとても疑わしい」とし、ホホジロザメの記録は鮮新世からはじまるとしている。

ホホジロザメの起源がメガロドンであるにしろ、アオザメの仲間であるにしろ、そして出現時期が中新世であるにしろ、鮮新世であるにしろ、それは新第三紀の話だ。大型新生板鰓類の繁栄が華やかなりし時代である。

すなわち、ホホジロザメは、メガロドンやパロトダスなどのような大型の新生板鰓類とともに、その一翼を担っていた。そして、他の大型の新生板鰓類が滅んだ後も生き残って、今日の姿があるのだ。

もちろん生態系の上位を争うようなトッププレデターとなるサメ類は、ホホジロザメだけではない。たとえば、全長3・4メートルを超えるからだをもつアオザメは、瞬間的には時速50キロメートルを出すことも

⑩ **ホホジロザメ**

現生の新生板鰓類です。言わずと知れた、現在の海洋世界のトップププレデター。その進化については、いくつかの仮説があります。

イラスト：月本佳代美

できる魚の仲間の中では屈指の〝俊足ハンター〟だ。また、イタチザメ（*Galeocerdo cuvier*）はときに5メートル超の個体もいる大型種で、魚から海棲哺乳類、同種の若い個体まで何でも襲うことで知られている。

新生板鰓類は、今なお〝強者のグループ〟なのだ。

かつて、海洋生態系はアノマロカリス類や頭足類、ウミサソリ類などの無脊椎動物が〝支配〟していた。

その後、頂点の座を奪い取った脊椎動物は、板皮類と軟骨魚類の生存競争ののち、軟骨魚類が生き残った。軟骨魚類はそのときからずっと海洋生態系の上位にある。

海棲爬虫類の雄として登場したモササウルス類は、軟骨魚類の一グループとして台頭した新生板鰓類と海洋生態系の上位を争った。しかし約６６００万年前に起きた大量絶滅事件の後、生き残ったのは新生板鰓類だけだった。

その後、海棲哺乳類の進化の果てに海洋生態系上位を狙うハクジラ類を生み出した。〝迎え撃つ〟新生板鰓類には超大型種が出現。結果としてその超大型種こそ滅んだものの、それでも変わらず新生板鰓類は、海洋生態系の上位に君臨する。

物語はこのあと、どのように進んでいくのだろう。

シーンイラスト解説

第1章　古生代前半の主役たちの共演

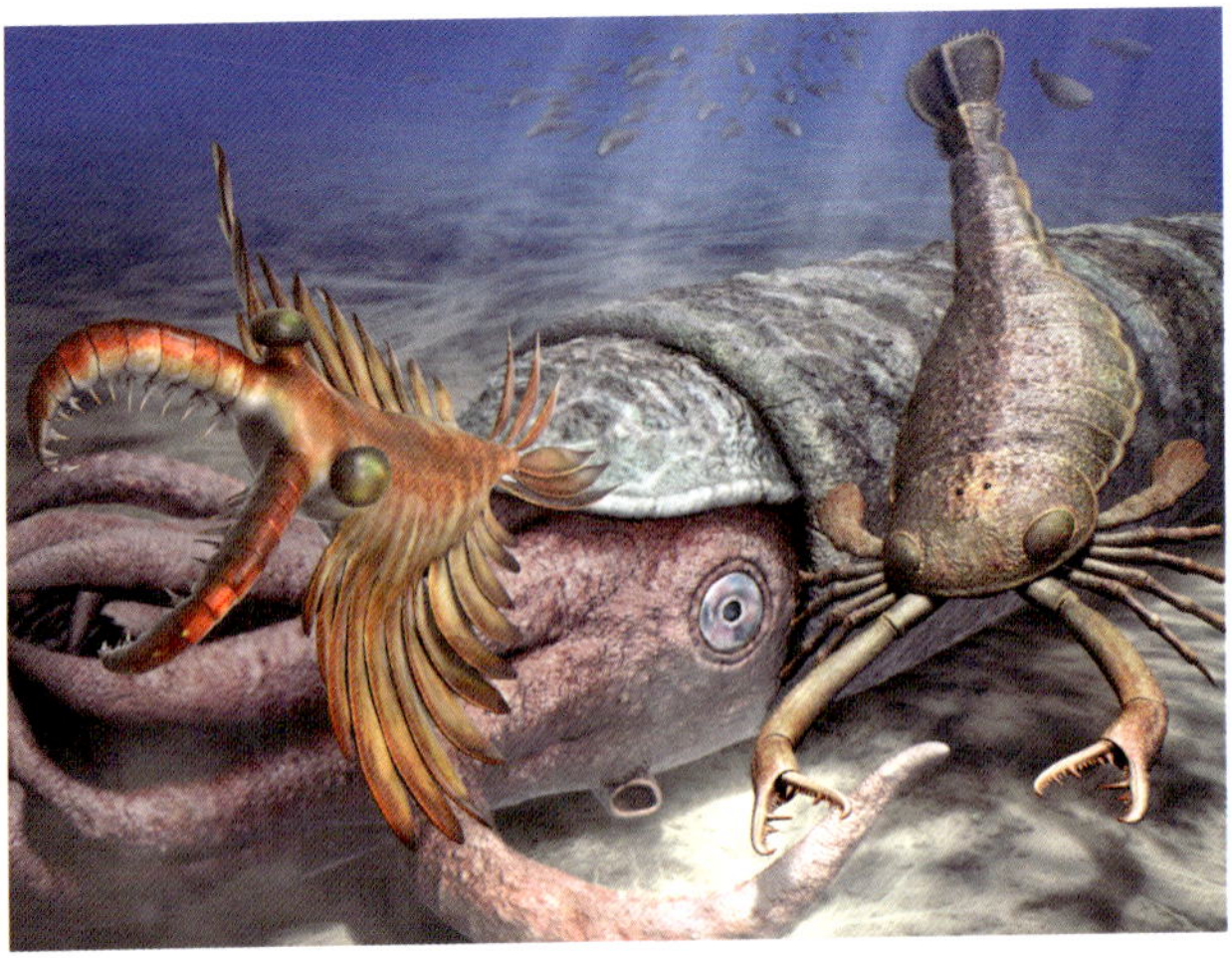

海底に横たわるカメロケラス（オルドビス紀）の上をアノマロカリス（カンブリア紀）とプテリゴトゥス（シルル紀）が泳ぐ。奥には、最初期の魚であるミロクンミンギア（カンブリア紀）とアランダスピス（オルドビス紀）の姿も。生きていた時代も場所も異なる動物たちが描かれています。

第2章　古生代後半の競走

一斉に潜っていく魚たち。"初期のサメ"の代表格であるクラドセラケ（デボン紀）を、古生代最大・最強の甲冑魚であるダンクルオステウス（デボン紀）と、珍妙な歯をもつ全頭類のヘリコプリオン（ペルム紀）が追いかける。生きていた時代も場所も異なる動物たちが描かれています。

第3章　中生代の対決

モササウルス・ホフマニイに、新生板鰓類のクレトキシリナが迫る。そして、二強の争いから逃げていくのはベレムナイト類。生きていた時代も場所も異なる動物たちが描かれたものですが、中生代の白亜紀後期の海において、モササウルス類と新生板鰓類の争いは実際に存在しました。

第4章　新生代の〝逃走〟

逃げるホホジロザメ（現生種）に、ハクジラ類のリヴィアタン（新第三紀）、ムカシクジラ類のバシロサウルス（古第三紀）、そしてメガロドン（新第三紀）が襲いかかる。ちょっと現実には見たくない光景です。生きていた時代も場所も異なる動物たちが描かれています。

イラスト：月本佳代美

Malca, Mario Urbina, Giovanni Bianucci, 2017, Did the giant extinct shark *Carcharocles megalodon* target small prey? Bite marks on marine mammal remains from the late Miocene of Peru, Palaeogeography, Palaeoclimatology, Palaeoecology, vol.469, p84-91

Catalina Pimiento, Bruce J. MacFadden, Christopher F. Clements, Sara Varela, Carlos Jaramillo, Jorge Velez-Juarbe, Brian R. Silliman, 2016, Geographical distribution patterns of *Carcharocles megalodon* over time reveal clues about extinction mechanisms, Journal of Biogeography, doi:10.1111/jbi.12754

J. G. M. Thewissen, Lisa Noelle Cooper, Mark T. Clementz, Sunil Bajpai, B. N. Tiwari, 2007, Whales originated from aquatic artiodactyls in the Eocene epoch of India, nature, vol.450, p1190-1195

Jonathan H. Geisler, Matthew W. Colbert, James L. Carew, 2014, A new fossil species supports an early origin for toothed whale echolocation, nature, vol.508, p383-386

Julia M. Fahlke, 2012, Bite marks revisited – evidence for middle-to-late Eocene Basilosaurus isis predation on Dorudon atrox (both Cetacea, Basilosauridae), Palaeontologia Electronica Vol.15, Issue 3; 32A, 16p; palaeo-electronica.org/content/2012-issue-3-articles/339-archaeocete-predation

Konami Ando, Shin-ichi Fujiwara, 2016, Farewell to life on land – thoracic strength as a new indicator to determine paleoecology in secondary aquatic mammals, Journal of Anatomy, doi: 10.1111/joa.12518

Lawrence G. Barnes, Masaichi Kimura, Hitoshi Furusawa, Hitoshi Sawamura, 1994, Classification and distribution of Oligocene Aetiocetidae (Mammalia; Cetacea; Mysticeti) from western North America and Japan, Island Arc, vol.3, p392-431

Olivier Lambert, Giovanni Bianucci, Klaas Post, Christian de Muizon, Rodolfo Salas-Gismondi, Mario Urbina, Jelle Reumer, 2010, The giant bite of a new raptorial sperm whale from the Miocene epoch of Peru, nature, vol.466, p105-108

R. Ewan Fordyce, 2002, *Simocetus rayi* (Odontoceti: Simocetidae)(New Species, New Genus, New Family): A Bizarre New Archaic Oligocene Dolphin from the Eastern North Pacific, SMITHSONIAN CONTRIBUTIONS TO PALEOBIOLOGY, no.93, p185-222

S. Wroe, D. R. Huber, M. Lowry, C. McHenry, K. Moreno, P. Clausen, T. L. Ferrara, E. Cunningham, M. N. Dean, A. P. Summers, 2008, Three-dimensional computer analysis of white shark jaw mechanics: how hard can a great white bite?, Journal of Zoology, vol.276, Issue4, p336-342, DOI: 10.1111/j.1469-7998.2008.00494.x

Thomas A. Deméré, Annalisa Berta, 2008, Skull anatomy of the Oligocene toothed mysticete *Aetioceus weltoni* (Mammalia; Cetacea): implications for mysticete evolution and functional anatomy, Zoological Journal of the Linnean Society, vol.154, Issue2, p308-352

Toshiyuki Kimura, Yoshikazu Hasegawa, Barnes Lawrence G., 2006, Fossil sperm whales (Cetacea, Physeteridae) from Gunma and Ibaraki prefectures, Japan; with observations on the Miocene fossil sperm whale *Scaldicetus shigensis* Hirota and Barnes, 1995, 群馬県立自然史博物館研究報告第10号, p1-23

T. Soliar, 1988, The mosasaur *Goronyosaurus* from the upper Cretaceous of Sokoto State, Nigeria, Palaeontology, vol.31, Part3, p747-762

【第4章】

《一般書籍》

『古第三紀・新第三紀・第四紀の生物　上巻』監修：群馬県立自然史博物館，著：土屋 健，2016年刊行，技術評論社

『古第三紀・新第三紀・第四紀の生物　下巻』監修：群馬県立自然史博物館，著：土屋 健，2016年刊行，技術評論社

『小学館の図鑑 NEO［新版］動物』指導・執筆：三浦慎吾，成島悦雄，伊澤雅子ほか，監修：吉岡 基，室山泰之，北垣憲仁，画：田中豊美ほか，2015年刊行，小学館

『小学館の図鑑 NEO 両生類・はちゅう類』著：松井正文，疋田 努，太田英利，撮影：松橋利光，前田憲男，関 慎太郎 ほか，2004年刊行，小学館

『新版 絶滅哺乳類図鑑』著：冨田幸光，伊藤丙男，岡本泰子，2011年刊行，丸善出版株式会社

『世界サメ図鑑』著：スティーブ・パーカー，2010年刊行，ネコ・パブリッシング

『世界のクジラ・イルカ百科図鑑』著：アナリサ・ベルタ，2016年刊行，河出書房新社

『生命史図譜』監修：群馬県立自然史博物館，著：土屋 健，2017年刊行，技術評論社

『Great White Sharks』編：A. Peter Klimley, David G. Ainley, 1998年刊行，Academic Press

『Newton 別冊 恐竜・古生物 ILLUSTRATED』2010年刊行，ニュートンプレス

『Newton 別冊 生命史35億年の大事件ファイル』2010年刊行，ニュートンプレス

『Handbook of Paleoichthyology Volume 3E』著：Henri Cappetta, 2012年刊行，Verlag Friedrich Pfeil

『Marine mammals THIRD EDITION』著：Annalisa Berta, James L. Sumich, Kit M. Kovacs, 2015年刊行，Academic Press

『Return to the sea』著：Annalisa Berta, 2012年刊行，University of California Press

『The walking whales』著：J. G. M. "Hans" Thewissen, 2014年刊行，University of California Press

《特別展図録》

『クジラが陸を歩いていた頃』2007年，福井県立恐竜博物館

『メガ恐竜展』2015年，幕張メッセ

『甦れ！　カミツキマッコウ 古代ゾウ』2013年，群馬県立自然史博物館

《プレスリリース》

パレオパラドキシア、アンブロケトゥス 肋骨の強さが絶滅した水生哺乳類の生態を解き明かす，2016年7月11日，名古屋大学

《WEBサイト》

Evolution of Dolphins and Whales, NYIT, https://www.nyit.edu/medicine/evolution_of_dolphins_whales

《学術論文》

新村龍也，安藤達郎，前寺喜世子，森 尚子，澤村 寛，2011，歯のあるヒゲクジラ *Aetiocetus polydentatus* の復元，化石90，p1-2

Alberto Collareta, Olivier Lambert, Walter Landini, Claudio Di Celma, Elisa Malinverno, Rafael Varas-

Kansas Academy of Science, vol.104, p59-78

Michael J. Polcyn, Eitan Tchernov, Louis L. Jacobs, 1999, The Cretaceous biogeography of the eastern Mediterranean with a description of a new basal mosasauroid from 'Ein Yabrud, Israel. In Y. Tomida, T. H. Rich & P. Vickers-Rich. Proceedings of the Second Gondwanan Dinosaur Symposium. National Science Museum Monographs, no.15. Tokyo. p259-290

M. W. Caldwell, C. G. Diedrich, 2005, Remains of Clidastes Cope, 1868, an unexpected mosasaur in the upper Campanian of NW Germany, Netherlands Journal of Geosciences, vol.84, p213-220

Michael W. Caldwell, Takuya Konishi, Ikuwo Obata, Kikuwo Muramoto, 2008, A New Species of *Taniwhasaurus* (Mosasauridae, Tylosaurinae) from the Upper Santonian-Lower Camopanian (Upper Cretaceous) of Hokkaido, Japan, Journal of Vertebrate Paleontology, vol.28, no.2, p339-348

Nadia B. Fröbisch, Jörg Fröbisch, P. Martin Sander, Lars Schmitz, Olivier Reppel, 2012, Macropredatory ichthyosaur from the Middle Triassic and the origin of modern trophic networks, PNAS, www.pnas.org/cgi/doi/10.1073/pnas.1216750110

Stefanie Klug, 2010, Monophyly, phylogeny and systematic position of the Synechodontiformes (Chondrichthyes, Neoselachii), Zoologica Scripta, vol.39, no.1, p37-49

Stefanie Klug, Jürgen Kriwet, Ronald Böttcher, Günter Schweigert, Gerd Dietl, 2009, Skeletal anatomy of the extinct shark *Paraorthacodus jurensis* (Chondrichthyes; Palaeospinacidae), with comments on synechodontiform and palaeospinacid monophyly, Zoological Journal of the Linnean Society, vol.157, p107-134

Steven M. Stanley, 2016, Estimates of the magnitudes of major marine mass extinctions in earth history, PNAS Early Edition, www.pnas.org/cgi/doi/10.1073/pnas.1613094113

Takuya Konishi, Donald Brinkman, Judy A. Massare, Michael W. Caldwell, 2011, New exceptional specimens of *Prognathodon overtoni* (Squamata, Mosasauridae) from the upper Campanian of Alberta, Canada, and the systematics and ecology of the genus, Journal of Vertebrate Paleontology, vol.31, Issue5, p1026-1046

Takuya Konishi, Johan Lindgren, Michael W. Caldwell, Luis Chiappe, 2012, *Platecarpus tympaniticus* (Squamata, Mosasauridae): osteology of an exceptionally preserved specimen and its insights into the acquisition of a streamlined body shape in mosasaurs, Journal of Vertebrate Paleontology, vol.32, Issue6, p1313-1327

Takuya Konishi, Michael G. Newbrey, Michael W. Caldwell, 2014, A small, exquisitely preserved specimen of *Mosasaurus missouriensis* (Squamata, Mosasauridae) from the upper Campanian of the Bearpaw Formation, western Canada, and the first stomach contents for the genus, Journal of Vertebrate Paleontology, vol.34, Issue4, p802-819

Takuya Konishi, Michael W. Caldwell, Tomohiro Nishimura, Kazuhiko Sakurai, Kyo Tanoue, 2015, A new halisaurine mosasaur (Squamata: Halisaurinae) from Japan: the first record in the western Pacific realm and the first documented insights into binocular vision in mosasaurs, Journal of Systematic Palaeontology, http://dx.doi.org/10.1080/14772019.2015.1113447

Tanja Wintrich, Shoji Hayashi, Alexandra Houssaye, Yasuhisa Nakajima, P. Martin Sander, 2017, A Triassic plesiosaurian skeleton and bone histology inform on evolution of a unique body plan, Science Advances, vol.3, no.12, e1701144, DOI: 10.1126/sciadv.1701144 http://news.bbc.co.uk/earth/hi/earth_news/newsid_8530000/8530995.stm

《学術論文》

Da-Yong Jiang, Ryosuke Motani, Jian-Dong Huang, Andrea Tintori, Yuan-Chao Hu, Olivier Rieppel, Nicholas C. Fraser, Cheng Ji, Neil P. Kelley, Wan-Lu Fu, Rong Zhang, 2016, A large aberrant stem ichthyosauriform indicating early rise and demise of ichthyosauromorphs in the wake of the end-Permian extinction, Scientific Reports, vol.6, Article number: 26232

Elizabeth L. Nicholls, 1988, Marine vertebrates of the Pembina Member of the Pierre Shale (Campanian, Upper Cretaceous) of Manitoba and their significance to the biogeography of the Western Interior Seaway, Unpublished Ph.D. dissertation, University of Calgary, Calgary, Alberta

James E. Martin, James E. Fox, 2007, Stomach contents of *Globidens*, a shell-crushing mosasaur (Squamata), from the Late Cretaceous Pierre Shale Group, Big Bend area of the Missouri River, central South Dakota, Geological Society of America Special Papers, vol.427, p167-176

Jennifer A. Lane, 2010, Morphology of the Braincase in the Cretaceous Hybodont Shark *Tribodus limae* (Chondrichthyes: Elasmobranchii), Based on CT Scanning, AMERICAN MUSEUM Novitates, no.3681, p1-70

Jennifer A. Lane, John G. Maisey, 2009, Pectoral Anatomy of *Tribodus limae* (Elasmobranchii: Hybodontiformes) from the Lower Cretaceous of Northeastern Brazil, Journal of Vertebrate Paleontology, vol.29, no.1, p25-38

Johan Lindgren, Hani F. Kaddumi, Michael J. Polcyn, 2013, Soft tissue preservation in a fossil marine lizard with a bilobed tail fin, Nat. Commun. 4:2423 doi: 10.1038/ncomms3423

Johan Lindgren, Michael W. Caldwell, Takuya Konishi, Luis M. Chiappe, 2010, Convergent Evolution in Aquatic Tetrapods: Insights from an Exceptional Fossil Mosasaur. PLOS ONE, vol.5, no.8, e11998. doi: 10.1371/journal.pone.0011998

J. G. Maisey, 1977, The fossil selachian fishes *Palaeospinax* Egerton, 1872 and *Nemacanthus* Agassiz, 1837, Zoological Journal of the Linnean Society, vol.60, p259-273

Joseph S. Byrnes, Leif Karlstrom, 2018, Anomalous K-Pg-aged seafloor attributed to impact-induced mid-ocean ridge magmatism, Sci. Adv., 4: eaao2994

Kenshu Shimada, 2012, Dentition of Late Cretaceous shark, *Ptychodus mortoni* (Elasmobranchii, Ptychodontidae), Journal of Vertebrate, Paleontology, vol,32, no.6, p1271-1284

Kenshu Shimada, Evgeny V. Popov, Mikael Siversson, Bruce J. Welton, Douglas J. Long, 2015, A new clade of putative plankton-feeding sharks from the Upper Cretaceous of Russia and the United States, Journal of Vertebrate, Paleontology, DOI: 10.1080/02724634.2015.981335

Kenshu Shimada, Michael J. Everhart, Ramo Decker, Pamela D. Decker, 2010, A new skeletal remain of the durophagous shark, *Ptychodus mortoni*, from the Upper Cretaceous of North America: an indication of gigantic body size, Cretaceous Research, vol.31, p249-254

László Makádi, Michael W. Caldwell, Attila Ősi, 2012, The First Freshwater Mosasauroid (Upper Cretaceous, Hungary) and a New Clade of Basal Mosasauroids, PLOS ONE, vol.7, no.12, e51781. doi:10.1371/journal.pone.0051781

Michael J. Everhart, 2001, Revisions to the biostratigraphy of the Mosasauridae (Squamata) in the Smoky Hill Chalk Member of the Niobrara Chalk (Late Cretaceous) of Kansas, Transactions of the

on a near-complete specimen, Journal of Vertebrate Paleontology, vol.35, DOI: 10.1080/02724634.2015.973029
Victoria E. McCoy, Erin E. Saupe, James C. Lamsdell, Lidya G. Tarhan, Sean McMahon, Scott Lidgard, Paul Mayer, Christopher D. Whalen, Carmen Soriano, Lydia Finney, Stefan Vogt, Elizabeth G. Clark, Ross P.Anderson, Holger Petermann, Emma R. Locatelli, Derek E. G. Briggs, 2016, The 'Tully monster' is a vertebrate, nature, vol.532, p496-499

【第3章】

《一般書籍》

『化石革命』著：ダグラス・パーマー，2005年刊行，朝倉書店
『決着！　恐竜絶滅論争』著：後藤和久，2011年刊行，岩波書店
『三畳紀の生物』監修：群馬県立自然史博物館，著：土屋 健，2015年刊行，技術評論社
『ジュラ紀の生物』監修：群馬県立自然史博物館，著：土屋 健，2015年刊行，技術評論社
『小学館の図鑑NEO［新版］魚』監修：井田齊，松浦啓一，指導・執筆：藍澤正宏，岩見哲夫，近江 卓，萩原清司，籔本美孝，朝日田卓，成澤哲夫ほか，撮影：松沢陽士，近江 卓ほか，2015年刊行，小学館
『小学館の図鑑NEO［新版］動物』指導・執筆：三浦慎吾，成島悦雄，伊澤雅子ほか，監修：吉岡 基，室山泰之，北垣憲仁，画：田中豊美ほか，2014年刊行，小学館
『世界サメ図鑑』著：スティーブ・パーカー，2010年刊行，ネコ・パブリッシング
『別冊日経サイエンス 地球を支配した恐竜と巨大生物たち』2004年刊行，日経サイエンス
『Dutch pioneers of the earth sciences』編：Jacques L. R. Touret, Robert Paul Willem Visser，2004年刊行，Edita-The Publishing House of the Royal
『OCEANS OF KANSAS SECOND EDITION』著：Michael J. Everhart，2017年刊行，Indiana University Press
『The Biology of Sharks and Rays』著：A. Peter Klimley，2013年刊行，Univ. of Chicago Pr.
『Handbook of Paleoichthyology Volume 3E』著：Henri Cappetta，2012年刊行，Verlag Friedrich Pfeil
『The Rise of Fishes』著：John A. Long，2011年刊行，The Johns Hopkins University Press
『Vertebrate Palaeontology』著：Michael J. Benton，2014年刊行，Wiley Blackwell

《プレスリリース》

最古の「首長竜」を発見 ー中生代に繁栄した海生爬虫類の起源を解明ー，2017年12月19日，東京大学大気海洋研究所
北海道むかわ町穂別より新種の海生爬虫類化石発見　中生代海生爬虫類においては初めて夜行性の種であることを示唆，2015年12月8日，穂別博物館ほか

《WEBサイト》

'Aquatic Komodo dragon' was the ultimate river monster，2012年12月20日，THE CONVERSATION, https://theconversation.com/aquatic-komodo-dragon-was-the-ultimate-river-monster-11428
"False Megamouth" Shark Pioneered the Plankton-Feeding Lifestyle，NATIONAL GEOGRAPHIC，2015年9月17日，http://phenomena.nationalgeographic.com/2015/09/17/false-megamouth-shark-pioneered-the-plankton-feeding-lifestyle/
Matt Walker, Giant predatory shark fossil unearthed in Kansas, BBC EARTH NEWS, 2010年2月24日、

『Vertebrate Palaeontology』著：Michael J. Benton, 2014 年刊行, Wiley-Blackwell

《WEB サイト》

VARIATION IN SCALE MORPHOLOGY OF HYNERIA LINDAE (SARCOPTERYGII, TRISTICHOPTERIDAE) FROM THE RED HILL SITE, PENNSYLVANIA, U.S.A, The Geological Society of America 49th Annual Meeting Abstract, 2014/3/24, https://gsa.confex.com/gsa/2014NE/finalprogram/abstract_236421.htm

《学術論文》

Alan Pradel, John G. Maisey, Paul Tafforeau, Royal H. Mapes, Jon Mallatt, 2014, A Palaeozoic shark with osteichthyan-like branchial arches, nature, vol.509, p608-611

Edward B. Daeschler, Walter L. Cressler III, 2011, Late Devonian paleontology and paleoenvironments at Red Hill and other fossil sites in the Catskill Formation of north-central Pennsylvania, The Geological Society of America Field Guide 20, p1-16

John A. Long, Elga Mark-Kurik, Zerina Johanson, Michael S. Y. Lee, Gavin C. Young, Zhu Min, Per E. Ahlberg, Michael Newman, Roger Jones, Jan den Blaauwen, Brian Choo, Kate Trinajstic, 2015, Copulation in antiarch placoderms and the origin of gnathostome internal fertilization, nature, vol.517, p196-199

John G. Maisey, 1989, *Hamiltonichthys mapesi*, g. & sp. nov. (Chondrichthyes; Elasmobranchii), from the Upper Pennsylvanian of Kansas, AMERICAN MUSEUM Novitates, No.2931

John G. Maisey, 2009, The spine-brush complex in symmoriiform sharks (Chondrichthyes; Symmoriiformes), with comments on dorsal fin modularity, Journal of Vertebrate Paleontology, vol.29, no.1, p14-24

John G. Maisey, Randall Miller, Alan Pradel, John S. S. Denton, Allison Bronson, Philippe Janvier, 2017, Pectoral morphology in *Doliodus*: bridging the 'acanthodian'-chondrichthyan divide, AMERICAN MUSEUM Novitates, No.3875

Lauren Sallan, Sam Giles, Robert S. Sansom, John T. Clarke, Zerina Johanson, Ivan J. Sansom, Philippe Janvier, 2017, The 'Tully Monster' is not a vertebrate: characters, convergence and taphonomy in Palaeozoic problematic animals, Palaeontology, vol.60, Issue2, p149-157

Leif Tapanila, Jesse Pruitt, Alan Pradel, Cheryl D. Wilga, Jason B. Ramsay, Robert Schlader, Dominique A. Didier, 2013, Jaws for a spiral-tooth whorl: CT images reveal novel adaptation and phylogeny in fossil *Helicoprion*, Biol. Lett. vol.9, 20130057

Min Zhu, Xiaobo Yu, Per Erik Ahlberg, Brian Choo, Jing Lu, Tuo Qiao, Qingming Qu, Wenjin Zhao, Liantao Jia, Henning Blom, You'an Zhu, 2013, A Silurian placoderm with osteichthyan-like marginal jaw bones, nature, vol.502, p188-193

Philip S. L Anderson, Mark W Westneat, 2007, Feeding mechanics and bite force modelling of the skull of *Dunkleosteus terrelli*, an ancient apex predator, Biol. Lett. vol.3, p76-79

Randall F. Miller, Richard Cloutier, Susan Turner, 2003, The oldest articulated chondrichthyan from the Early Devonian period, nature, vol.425, p501-504

Steven M. Stanley, 2016, Estimates of the magnitudes of major marine mass extinctions in earth history, PNAS, www.pnas.org/cgi/doi/10.1073/pnas.1613094113

Taketeru Tomita, 2015, Pectoral fin of the Paleozoic shark, Cladoselache: new reconstruction based

Robert C. Frey, 1989, Paleoecology of a well-preserved Nautiloid assemblage from a Late Ordovician shale unit, Southwestern Ohio, J. Paleont., vol.63, no.5, p604-620

Robert C. Frey, 1995, Middle and Upper Ordovician Nautiloid Cephalopods of the Cincinnati Arch Region of Kentucky, Indiana, and Ohio, U. S. Geological Survey Professional paper, 1066-P

Ross P. Anderson, Victoria E. McCoy, Maria E. McNamara, Derek E. G. Briggs, 2014, What big eyes you have: the ecological role of giant pterygotid eurypterids, Biol. Lett., 10:20140412. http://dx.doi.org/10.1098/rsbl.2014.0412

Scott D. Evans, Mary L. Droser, James G. Gehling, 2017, Highly regulated growth and development of the Ediacara macrofossil *Dickinsonia costata*, PLOS ONE, 12(5): e0176874, https://doi.org/10.1371/journal.pone.0176874

Takayuki Tashiro, Akizumi Ishida, Masako Hori, Motoko Igisu, Mizuho Koike, Pauline Méjean, Naoto Takahata, Yuji Sano, Tsuyoshi Komiya, 2017, Early trace of life from 3.95 Ga sedimentary rocks in Labrador, Canada, nature, vol.549, p516-518

Victoria E. McCoy, James C. Lamsdell, Markus Poschmann, Ross P. Anderson, Derek E. G. Briggs, 2015, All the better to see you with: eyes and claws reveal the evolution of divergent ecological roles in giant pterygotid eurypterids, Biol. Lett., 11: 20150564, http://dx.doi.org/10.1098/rsbl.2015.0564

W. Scott Persons IV, John Acorn, 2017, A Sea Scorpion's Strike: New Evidence of Extreme Lateral Flexibility in the Opisthosoma of Eurypterids, The American Naturalist, vol.190, no.1, p152-156

Xingliang Zhang, Wei Liu, Yukio Isozaki, Tomohiko Sato, 2017, Centimeter-wide worm-like fossils from the lowest Cambrian of South China, Scientific Reports, vol.7, Article number: 14504, doi:10.1038/s41598-017-15089-y

【第2章】

《一般書籍》

『岩波 生物学辞典 第5版』編集：巌佐 庸，倉谷 滋，斎藤 成也，塚谷 裕一，2013年刊行，岩波書店

『古生物たちのふしぎな世界』協力：田中源吾，著：土屋 健，2017年刊行，講談社

『小学館の図鑑NEO［新版］魚』監修：井田齊，松浦啓一，指導・執筆：藍澤正宏，岩見哲夫，近江 卓，萩原清司，籔本美孝，朝日田卓，成澤哲夫ほか，撮影：松沢陽士，近江 卓ほか，2015年刊行，小学館

『生命史図譜』監修：群馬県立自然史博物館，著：土屋 健，2017年刊行，技術評論社

『石炭紀・ペルム紀の生物』監修：群馬県立自然史博物館，著：土屋 健，2014年刊行，技術評論社

『世界サメ図鑑』著：スティーブ・パーカー，2010年刊行，ネコ・パブリッシング

『デボン紀の生物』監修：群馬県立自然史博物館，著：土屋 健，2014年刊行，技術評論社

『よみがえる恐竜・古生物』著：ティム・ヘインズ，ポール・チェンバーズ，2006年刊行，ソフトバンククリエイティブ

『Amphibian Evolution』著：Rainer R. Schoch，2014年刊行，Wiley-Blackwell

『Early Vertebrates』著：Philippe Janvier，2003年刊行，Clarendon Press

『The Biology of Sharks and Rays』著：A. Peter Klimley，2013年刊行，Univ. of Chicago Pr.

『The Rise of Fishes』著：John A. Long，2011年刊行，The Johns Hopkins University Press

もっと詳しく知りたい読者のための参考資料

本書を執筆するにあたり，とくに参考にした主要な文献は次の通り。なお，邦訳があるものに関しては，一般に入手しやすい邦訳版をあげた。また，WEB サイトに関しては，専門の研究機関もしくは研究者，それに類する組織・個人が運営しているものを参考とした。WEB サイトの情報は, あくまでも執筆時点での参考情報であることに注意。

※本書に登場する年代値は，とくに断りのないかぎり，International Commission on Stratigraphy, 2017/02，INTERNATIONAL STRATIGRAPHIC CHART を使用している。

【第 1 章】

《一般書籍》

『エディアカラ紀・カンブリア紀の生物』監修：群馬県立自然史博物館，著：土屋 健，2013 年刊行，技術評論社

『オルドビス紀・シルル紀の生物』監修：群馬県立自然史博物館，著：土屋 健，2013 年刊行，技術評論社

『海はどうしてできたのか』著：藤岡換太郎，2013 年刊行，講談社

『古生物学事典 第 2 版』編纂：日本古生物学会，2010 年刊行，朝倉書店

『古生物たちのふしぎな世界』協力：田中源吾，著：土屋 健，2017 年刊行，講談社

『地球進化 46 億年の物語』著：ロバート・ヘイゼン，2014 年刊行，講談社

『澄江生物群化石図譜』著：X・ホウ，R・J・アルドリッジ，J・ベルグストレーム，ディヴィッド・J・シヴェター，デレク・J・シヴェター，X・フェン，2008 年刊行，朝倉書店

『よみがえる恐竜・古生物』著：ティム・ヘインズ，ポール・チェンバーズ，2006 年刊行，ソフトバンククリエイティブ

『Newton 別冊 地球』2011 年刊行，ニュートンプレス

《学術論文》

Gengo Tanaka, Brigitte Schoenemann, Khadija El Hariri, Teruo Ono, Euan Clarkson, Haruyoshi Maeda, 2015, Vision in a Middle Ordovician trilobite eye, Palaeogeography, Palaeoclimatology, Palaeoecology, vol.433, p129-139

I. S. Barskov, M. S. Boiko, V. A. Konovalova, T. B. Leonova, S. V. Nikolaeva, 2008, Cephalopods in the Marine Ecosystems of the Paleozoic, Paleontological Journal, vol.42, no.11, p1167-1284

James C. Lamsdell, Derek E. G. Briggs, Huaibao P. Liu, Brian J. Witzke, Robert M. McKay, 2015, The oldest described eurypterid: a giant Middle Ordovician (Darriwilian) megalograptid from the Winneshiek Lagerstätte of Iowa, BMC Evolutionary Biology, 15:169

Matthew S. Dodd, Dominic Papineau, Tor Grenne, John F. Slack, Martin Rittner, Franco Pirajno, Jonathan O'Neil, Crispin T. S. Little, 2017, Evidence for early life in Earth's oldest hydrothermal vent precipitates, nature, vol.543, p60-64

Peter Van Roy, Allison C. Daley, Derek E. G. Briggs, 2015, Anomalocaridid trunk limb homology revealed by a giant filter-feeder with paired flaps, nature, vol.522, p77-80

Renee S. Hoekzema, Martin D. Brasier, Frances S. Dunn, Alexander G. Liu, 2017, Quantitative study of developmental biology confirms *Dickinsonia* as a metazoan. Proc. R. Soc. B, 284: 20171348. http://dx.doi.org/10.1098/rspb.2017.1348

著者

土屋 健（つちや けん）

オフィス ジオパレオント代表。サイエンスライター。埼玉県生まれ。

金沢大学大学院自然科学研究科で修士号を取得（専門は地質学、古生物学）。

科学雑誌『Newton』の編集記者、サブデスク（部長代理）を経て 2012 年に独立し、現職。

近著に『怪異古生物考』、『化石になりたい』（ともに技術評論社）など多数。

監修

田中源吾（たなか げんご）

金沢大学国際基幹教育院・助教。1974年、愛媛県生まれ。
島根大学理学部地質学科卒業。博士（理学）。専門は古生物学。群馬県立自然史博物館・学芸員、
海洋研究開発機構・研究技術専任スタッフ、熊本大学合津マリンステーション・特任准教授を経て、現職。
著書に『化石の研究法』（共立出版、分担執筆）、『古生物学事典』（朝倉書店、分担執筆）。

冨田武照（とみた たけてる）

沖縄美ら島財団総合研究センター・研究員。1982年、大阪府生まれ。
東京大学地学科卒業。東京大学理学系研究科で博士号取得（理学）。専門は軟骨魚類の進化、
サメ・エイ類の機能形態学など。北海道大学・学術振興会特別研究員（PD）、
カリフォルニア大学・滞在研究員などを経て、現職。

小西卓哉（こにし たくや）

アメリカ、シンシナティ大学・教育助教。1978年、香川県生まれ。

カナダ、アルバータ大学理学部卒業。アルバータ大学大学院で博士号（Ph.D.）取得。

専門は古脊椎動物学（主にモササウルス類）。

カナダ、ロイヤルティレル古生物学博物館・研究員などを経て、現職。

田中嘉寛（たなか よしひろ）

大阪市立自然史博物館地史研究室・学芸員。北海道大学総合博物館資料部・研究員をかねる。
ニュージーランド、オタゴ大学で初期のイルカの進化を研究し博士号（Ph.D.）を取得。
専門は鯨類（クジラ、イルカ）、鰭脚類（セイウチ、アザラシ）など
水生哺乳類の進化（古生物学）、および博物館学。

海洋生命《かいようせいめい》5億年史《おくねんし》
サメ帝国《ていこく》の逆襲《ぎゃくしゅう》

2018年7月20日　第1刷発行

著者　土屋《つちや》 健《けん》
監修　田中源吾《たなかげんご》　冨田武照《とみたたけてる》　小西卓哉《こにしたくや》　田中嘉寛《たなかよしひろ》
発行者　飯窪成幸
発行所　株式会社　文藝春秋
〒102-8008　東京都千代田区紀尾井町3-23
電話　03-3265-1211（代表）
印刷所　光邦
製本所　加藤製本

Printed in Japan
ISBN 978-4-16-390874-8